《数学中的小问题大定理》丛书（第七辑）

莫德尔—韦伊定理
——从一道日本数学奥林匹克试题谈起

刘培杰数学工作室 编

◎ 椭圆曲线密码体制
◎ 椭圆曲线中的韦伊猜想
◎ 阿贝尔簇的射影嵌入
◎ 数域上的椭圆曲线
◎ 椭圆曲线的黎曼假设
◎ 椭圆曲线上的有理点个数

哈尔滨工业大学出版社
HARBIN INSTITUTE OF TECHNOLOGY PRESS

内 容 简 介

本书从一道日本数学奥林匹克试题谈起,详细地介绍了莫德尔-韦伊定理及其应用,全书共分九章:椭圆曲线理论初步、莫德尔-韦伊群、关于椭圆曲线的莫德尔-韦伊群、椭圆曲线的黎曼假设等.

本书适合高等院校师生及数学爱好者参考阅读.

图书在版编目(CIP)数据

莫德尔-韦伊定理:从一道日本数学奥林匹克试题谈起/刘培杰数学工作室编. —哈尔滨:哈尔滨工业大学出版社,2024.10. —ISBN 978-7-5767-1670-2

Ⅰ.O1-49

中国国家版本馆 CIP 数据核字第 2024MD3787 号

MODEER WEIYI DINGLI:CONG YI DAO RIBEN SHUXUE AOLINPIKE SHITI TAN QI

策划编辑	刘培杰 张永芹
责任编辑	张永芹 张 佳
封面设计	孙茵艾
出版发行	哈尔滨工业大学出版社
社　　址	哈尔滨市南岗区复华四道街10号 邮编150006
传　　真	0451-86414749
网　　址	http://hitpress.hit.edu.cn
印　　刷	黑龙江艺德印刷有限责任公司
开　　本	787 mm×960 mm 1/16 印张 9.25 字数 174 千字
版　　次	2024年10月第1版 2024年10月第1次印刷
书　　号	ISBN 978-7-5767-1670-2
定　　价	48.00元

(如因印装质量问题影响阅读,我社负责调换)

目录

第一章 椭圆曲线理论初步 …………………………… 1
  1.1 引言 …………………………………………………… 1
  1.2 牛顿对曲线的分类 …………………………………… 2
  1.3 椭圆曲线与椭圆积分 ………………………………… 4
  1.4 阿贝尔、雅可比、艾森斯坦和黎曼 ………………… 5
  1.5 椭圆曲线的加法 ……………………………………… 6
  1.6 椭圆曲线密码体制 …………………………………… 9

第二章 莫德尔－韦伊群 ……………………………… 11
  2.1 问题背景 ……………………………………………… 11
  2.2 国内外研究现状 ……………………………………… 12

第三章 关于椭圆曲线的莫德尔－韦伊群 …………… 16
  3.1 定义 …………………………………………………… 16
  3.2 莫德尔－韦伊群 ……………………………………… 17
  3.3 关于 BSD 猜想 ……………………………………… 18
  3.4 高度 …………………………………………………… 19
  3.5 莫德尔－韦伊群的生成元 …………………………… 21

第四章 椭圆曲线中的韦伊猜想 ……………………… 22
  4.1 椭圆曲线上的猜想 …………………………………… 22
  4.2 模形论 ………………………………………………… 25
  4.3 表示论 ………………………………………………… 28
  4.4 朗兰兹猜想 …………………………………………… 35
  4.5 附注 …………………………………………………… 37

第五章 椭圆曲线、阿贝尔曲面与正二十面体 ……… 43
  5.1 引言 …………………………………………………… 43
  5.2 正二十面体 …………………………………………… 44
  5.3 椭圆曲线 ……………………………………………… 45

	5.4 阿贝尔簇	49
	5.5 阿贝尔簇的射影嵌入	51
	5.6 Horrocks-Mumford 丛	54
第六章	数域上的椭圆曲线	59
	6.1 扭群结构	59
	6.2 自由部分	62
	6.3 典范高度及计算莫德尔－韦伊群	68
第七章	椭圆曲线的黎曼假设	75
	7.1 引言	75
	7.2 陈述	76
	7.3 整体（域的）Zeta 函数	77
	7.4 哈塞定理的初等证明	82
第八章	椭圆曲线上的有理点个数	87
	8.1 引言	87
	8.2 簇上的有理点	89
	8.3 椭圆曲线的秩	95
	8.4 2-Selmer 群的平均阶数	100
	8.5 推广与推论	107
第九章	《千年难题》的书评	111
参考资料		114

椭圆曲线理论初步

第一章

1.1 引　　言

日本数学奥林匹克与日本制造一样缺乏原创性,但善于模仿且能推陈出新.与 CMO(中国数学奥林匹克)相比虽技巧性稍逊一筹但能紧跟世界数学主流且命题者颇具数学鉴赏力,知道哪些是"好数学",哪些是"包装精美的学术垃圾".随着时间的推移,我们越来越能体会到其眼光的独到以及将尖端理论通俗化的非凡能力.例如,1992 年日本数学奥林匹克预赛题第 3 题为:

[**试题 A**]　坐标平面上,设方程
$$y^2 = x^3 + 2\,691x - 8\,019$$
所确定的曲线为 E,连接该曲线上的两点 $(3,9)$ 和 $(4,53)$ 的直线交曲线 E 于另一点,求该点的坐标.

解　由两点式易得所给直线的方程为 $y=44x-123$. 将它代入曲线方程并整理得
$$x^3 - 1\,936x^2 + (2\times 44\times 123 + 2\,691)x - (123^2 + 8\,019) = 0$$
由韦达定理得
$$x + 3 + 4 = 1\,936$$
所以所求点 x 的横坐标为
$$x = 1\,936 - (3+4) = 1\,929$$

这道貌似简单的试题实际上是一道具有深刻背景的椭圆曲线特例.

1.2 牛顿对曲线的分类

笛卡儿(Descartes,1596—1650)早就讨论过一些高次方程及其代表的曲线.次数高于 2 的曲线的研究变成众所周知的高次平面曲线理论,尽管它是坐标几何的组成部分.18 世纪人们所研究的曲线都是代数曲线,即它们的方程由 $f(x,y)=0$ 给出,其中 f 是关于 x 和 y 的多项式.曲线的次数或阶数就是项的最高次数.

牛顿(Newton,1642—1727)是第一个对高次平面曲线进行广泛的研究人.笛卡儿按照曲线方程的次数来对曲线进行分类的计划对牛顿有很深的启发,于是牛顿用适合于各该次曲线的方法系统地研究了各次曲线,他从研究三次曲线着手.这个工作出现在他的《三次曲线枚举》中,这是作为他的 *Optics*(《光学》)英文版的附录在 1704 年出版的.但实际上大约在 1676 年他就做出来了,虽然在 La Hire 和 Wallis 的著作中使用了负 x 值,但牛顿不仅用了两个坐标轴和负 x、负 y 值,而且还在四个象限中作图.

牛顿证明了怎样能够把一般的三次方程
$$ax^3+bx^2y+cxy^2+dy^3+ex^2+fxy+fy^2+hx+jy+k=0$$
所代表的一切曲线通过坐标轴的变换化为下列四种形式之一:

(1) $xy^2+ey=ax^3+bx^2+cx+d$.

(2) $xy=ax^3+bx^2+cx+d$.

(3) $y^2=ax^3+bx^2+cx+d$.

(4) $y=ax^3+bx^2+cx+d$.

牛顿把第三类曲线叫作发散抛物线(divergent parabola),它包括如图 1 所示的五种曲线.这五种曲线是根据右边三次式的根的性质来区分的:全部是相异实根;两个根是复根;都是实根,但有两个相等,而且重根大于或小于单根;三个根都相等.牛顿断言,光从一点出发对这五种曲线之一作射影,然后取射影的交线就能分别得到每一个对应的三次曲线.

牛顿对他在《三次曲线枚举》中的许多断言都没有给出证明.英国数学家斯特林(Stirling James,1692—1770)在他的《三次曲线》中证明了或用别的方法重新证明了牛顿的大多数断言,但是没有证明射影定理,射影定理是由法国数学家克莱罗(Clairaut,1713—1765)和弗朗塞兄弟(Francois,F.(1768—1810),Francais,J. F.(1775—1833))证明的.其实牛顿识别了七十二种三次曲线.斯特林加上了四种,修道院院长 Jean-Paul de Gua de Malves 在他

1740年题为《利用笛卡儿的分析而不借助于微积分去进行发现 ……》(*Usage de L'analyse de Descartes pourdécouvrir sans le Secours du calcul differential…*)的书里又加了两种.

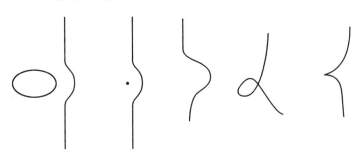

图 1

牛顿关于三次曲线的工作激发了关于高次平面曲线的许多其他研究工作. 按照这个或那个原则对三次和四次曲线进行分类的课题继续使18和19世纪的数学家们感兴趣. 随着分类方法的不同所找到的分类数目也不同.

椭圆曲线是三次的曲线,不过它们是在一个适当的坐标系内的三次曲线. 任一形如
$$y^2 = (x-\alpha)(x-\xi)(x-\gamma)(x-\delta)$$
的四次曲线可以写成
$$\left(\frac{y}{x-\alpha^2}\right) = \left(1 - \frac{\beta-\alpha}{x-\alpha}\right)\left(1 - \frac{\gamma-\alpha}{x-\alpha}\right)\left(1 - \frac{\delta-\alpha}{x-\alpha}\right)$$
因此它在坐标为
$$X = \frac{1}{x-\alpha}, Y = \frac{y}{x-\alpha^2}$$
之中是三次的,特别地,$y^2 = 1 - x^4$ 在坐标 $X = \frac{1}{x-\alpha}, Y = \frac{y}{(x-\alpha)^2}$ 之下可化为三次方程:$Y^2 = 4X^3 - 6X^2 + 4X - 1$. 这一变换在数论中尤为重要,因为它使得位于一条曲线上的有理点(x,y)对应于另一条曲线上的有理点(X,Y),这样的坐标变换称为双有理的.

牛顿发现了一个惊人的事实:所有关于x,y的二次方程皆可通过双有理坐标变换化为如下形式的方程
$$y^2 = x^3 + ax + b$$

1995 年证明了费马大定理的安德鲁·怀尔斯(Andrew Wiles,1953—)就是椭圆曲线这一领域的专家. 1975 年安德鲁·怀尔斯开始了他在剑桥大学的研究生生活. 怀尔斯的导师是澳大利亚人约翰·科茨(John Coates),他是伊曼纽尔学院的教授,来自澳大利亚新南威尔士州的波森拉什. 他决定让安德鲁·

怀尔斯研究椭圆曲线,这个决定后来证明是安德鲁·怀尔斯职业生涯的一个转折点,为他提供了攻克费马大定理的新方法所需要的工具.研究数论中的椭圆曲线方程的任务(像研究费马大定理一样)是当它们有整数解时把它算出来,并且如果有解,要算出有多少个解,如 $y^2 = x^3 - 2$ 只有一组整数解 $5^2 = 3^3 - 2$.

1.3　椭圆曲线与椭圆积分

"椭圆曲线"这个名称有点使人误解,因为在正常意义上它们既不是椭圆又不弯曲,它们只是如下形式的任何方程

$$y^2 = x^3 + ax^2 + bx + c, a, b, c \in \mathbf{Z}$$

它们之所以有这个名称是因为在过去它们被用来度量椭圆的周长和行星轨道的长度.

在一定意义上说,椭圆积分(elliptic integral)是不能表示初等函数的积分的最简单者,椭圆函数则以某些椭圆积分的反函数形式出现.

设 R 为关于 x 与 y 的有理函数.令 $I = \int R(x,y) \mathrm{d}x$.如果 y^2 为 x 的二次或更低次的多项式,那么 I 可用初等函数表示.如果 y^2 为 x 的三次或四次多项式,那么 I 一般不能用初等函数表示,并叫作椭圆积分.

在椭圆积分中一个重要的结论是以德国数学家魏尔斯特拉斯(Weierstrass,1815—1897)名字命名的:用一个适当的变换

$$x' = \frac{ax+b}{cx+d}, ad - bc \neq 0$$

可把椭圆积分 I 化为一个这样的椭圆积分,其中多项式 y^2 具有规范形式(勒让德(Legendre,1752—1833)规范形式和魏尔斯特拉斯典则形式).其魏尔斯特拉斯典则形式为 $y^2 = 4x^3 - g_2 x - g_3$,这里 g_2, g_3 为不变量,是实数或复数.I 恒可以表示为有理函数的积分与第一、第二、第三种椭圆积分的线性组合,且在魏尔斯特拉斯典则形式中可表示为

$$\int \frac{\mathrm{d}x}{y}, \int \frac{x \mathrm{d}x}{y}, \int \frac{\mathrm{d}x}{(x-c)y}$$

其中 $y = \sqrt{4x^3 - g_2 x - g_3}$.

魏尔斯特拉斯生于德国西部威斯特法伦(Westphalia)的小村落欧斯腾费尔德(Ostenfeld),曾师从以研究椭圆函数著称的古德曼(Gudermann,1798—1852).

椭圆积分应用很广.在几何中,椭圆函数或椭圆积分出现于下列问题的求解之中:求椭圆、双曲线或双纽线的弧长,求椭球的面积,求旋转二次曲面上的

测地线,求平面三次曲线或更一般的一个亏格为 1 的曲线的参数表示,求保形问题等. 在分析中,它们可用于微分方程(拉梅方程,扩散方程等);在数论中则应用于包括费马大定理等各种问题中;在物理科学里,椭圆函数及椭圆积分出现在位势理论中,或者通过保形表示或者通过椭球的位势,出现在弹性理论、刚体运动、热传导或扩散论的格林函数以及其他一些问题中.

1.4　阿贝尔、雅可比、艾森斯坦和黎曼

在 19 世纪 20 年代,阿贝尔(Abel,1802—1829)和雅可比(Jacobi,1804—1851)终于发现了处理椭圆积分的方法,那就是研究它们的反演. 比如说,要研究积分

$$u = g^{-1}(x) = \int_0^x \frac{\mathrm{d}t}{\sqrt{t^3 + at + b}}$$

我们转而研究它的反函数 $x = g(u)$,这样一来可将问题大大简化,就如同我们研究函数 $x = \sin u$ 来代替研究 $\arcsin x = \int_0^x \frac{\mathrm{d}t}{\sqrt{1-t^2}}$,此时我们面对的已不是多值积分而是一个周期函数 $x = g(x)$.

$\sin u$ 和 $g(u)$ 之间的差异在于:只有当允许变量取复数值时,才能真正看出 $g(u)$ 的周期性,而且 $g(u)$ 有两个周期,即存在非零的 $w_1, w_2 \in \mathbf{C}, \frac{w_1}{w_2} \notin \mathbf{R}$,使得

$$g(u) = g(u + w_1) = g(u + w_2)$$

有许多方法可让这两个周期显露出来,一种方法是德国数学家艾森斯坦(Eisenstein, 1823—1852)最早提出的,至今仍在普遍使用,要点是先写出显然具有周期 w_1, w_2 的一个函数

$$g(u) = \sum_{m,n \in \mathbf{Z}} \frac{1}{(u + mw_1 + mw_2)^2}$$

然后通过无穷级数的巧妙演算导出其性质. 最终你会发现 $g^{-1}(x)$ 正是我们开始时考虑的那类积分.

另一种方法是研究 t 在复平面上变化时被积函数 $\frac{1}{\sqrt{t^3+at+b}}$ 的行为,按照黎曼(Riemann, 1826—1866)的观点,视双值"函数" $\frac{1}{\sqrt{t^3+at+b}}$ 为 $\mathbf{C}$ 上的双叶曲面,你将发现两个独立的闭积分路径,其上的积分值为 w_1 和 w_2,这种方法更深刻,但要严格化也更困难.

由于 $g(u)=x$,根据基本的微积分知识可知
$$g'(u)=\frac{du}{dx}=\frac{1}{\frac{dx}{du}}=\frac{1}{\frac{1}{\sqrt{x^3+ax+b}}}=\sqrt{x^3+ax+b}=y$$

所以 $x=g(u)$,$y=g'(u)$ 给出了曲线 $y^2=x^3+ax+b$ 的参数化.

椭圆 $\frac{x^2}{a^2}+\frac{y^2}{b^2}=1$ 的弧长的计算可化到椭圆积分.实际上,对应于横坐标自 0 变到 x 的那一段弧,等于
$$l(x)=\int_0^x\sqrt{1+y'^2}dx=a\int_0^{\frac{x}{a}}\sqrt{\frac{1-k^2t^2}{1-t^2}}dt$$

其中
$$t=\frac{x}{a},k^2=\frac{a^2-b^2}{a^2}$$

这是勒让德形式的第二种椭圆积分.椭圆的全长可用完全椭圆积分来表示
$$l=4a\int\sqrt{\frac{1-k^2t^2}{1-t^2}}dt=4aE(k)$$

这就是我们称其为椭圆积分而称它们的反函数为椭圆函数的根据.

1.5 椭圆曲线的加法

实数域中加法规则的几何描述如图 2 所示.

要对点 $P(x_1,y_1)$ 和 $Q(x_2,y_2)$ 做加法,首先过点 P 和点 Q 画直线(如果 $P=Q$ 就过点 P 画曲线的切线)与椭圆曲线相交于点 $R(x_3,-y_3)$,再过无穷远点和点 R 画直线(即过点 R 作 x 轴的垂线)与椭圆曲线相交于点 $S(x_3,y_3)$,则点 S 就是 P 和 Q 的和,即 $S=P+Q$.

讨论:

情形一 $x_1\neq x_2$.

设通过点 $P(x_1,y_1)$ 和点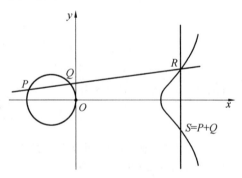

图 2

$Q(x_2,y_2)$ 的直线为 L.情形一实际上是点 $P(x_1,y_1)$ 与自己相加,即倍点运算.这时定义直线 $L:y=\lambda x+\gamma$ 是椭圆曲线 $y^2=x^3+ax+b$ 在点 $P(x_1,y_1)$ 的切线,根据微积分理论可知,直线的斜率等于曲线的一阶导数,即

$$\lambda = \frac{\mathrm{d}y}{\mathrm{d}x}$$

而对该椭圆曲线进行微分的结果是

$$2y \cdot \frac{\mathrm{d}y}{\mathrm{d}x} = 3x^2 + a$$

联合上面两式,并将点 $P(x_1, y_1)$ 代入有

$$\lambda = \frac{3x_1^2 + a}{2y_1}$$

再按照与情形一相同的分析方法,容易得出如下结论:

对于 $x_1 = x_2$,且 $y_1 = y_2$ 有

$$P(x_1, y_1) + Q(x_2, y_2) = 2P(x_1, y_1) = S(x_3, y_3)$$

其中

$$x_3 = \lambda^2 - 2x_1, y_3 = \lambda(x_1 - x_3) - y_1, \lambda = \frac{3x_1^2 + a}{2y_1}$$

即对于情形一和情形三,它们的坐标计算公式为 $y = \lambda x + v$,则直线的斜率为

$$\lambda = \frac{y_2 - y_1}{x_2 - x_1}$$

将直线方程代入椭圆曲线方程 $y^2 = x^3 + ax + b$,有

$$(\lambda x + v)^2 = x^3 + ax + b$$

整理得

$$x^3 - \lambda^2 x^2 + (a - 2\lambda v)x + b = 0$$

该方程的三个根是椭圆曲线与直线相交的三个点的 x 坐标值,而点 $P(x_1, y_1)$ 和 $Q(x_2, y_2)$ 分别对应的 x_1 和 x_2 是该方程的两个根. 这是实数域上的三次方程,且具有两个实数根,则第三个根也应该是实数,记为 x_3. 三根之和是二次项系数的相反数,即

$$x_1 + x_2 + x_3 = -(-\lambda^2)$$

因此有

$$x_3 = \lambda^2 - x_1 - x_2$$

x_3 是第三个点 R 的横坐标,设其纵坐标为 $-y_3$,则点 S 的纵坐标就是 y_3. 由于点 $P(x_1, y_1)$ 和 $R(x_3, -y_3)$ 均在该直线上,其斜率可表示为

$$\lambda = \frac{-y_3 - y_1}{x_3 - x_1}$$

即

$$y_3 = \lambda(x_1 - x_3) - y_1$$

所以,对于 $x_1 \neq x_2$,有

$$P(x_1, y_1) + Q(x_2, y_2) = S(x_3, y_3)$$

其中

$$x_3 = \lambda^2 - x_1 - x_2, y_3 = \lambda(x_1 - x_3) - y_1, \lambda = \frac{y_2 - y_1}{x_2 - x_1}$$

情形二 $x_1 = x_2$,且 $y_1 = -y_2$.

此时,定义 $(x,y) + (x,-y) = 0$,(x,y) 是椭圆曲线上的点,则 (x,y) 和 $(x,-y)$ 是关于椭圆曲线加法运算互逆的.

情形三 $x_1 = x_2$,且 $y_1 = y_2$.

设 $y_1 \neq 0$,否则就是情形二. 此时相对来说,与情形一本质上是一致的,只是斜率的计算方法不同.

利用上述推导的公式我们可以对开始提到的日本奥林匹克竞赛试题给出一个公式法解答:

因为 $x_1 = 3, y_1 = 9, x_2 = 4, y_2 = 53$,且 $x_1 \neq x_2$ 是属于情形一,则

$$\lambda = \frac{y_2 - y_1}{x_2 - x_1} = \frac{53 - 9}{4 - 3} = 44$$

故 $x_3 = \lambda^2 - x_1 - x_2 = 44^2 - 3 - 4 = 1\ 929$.

椭圆曲线上的加法运算从 P 和 Q 两点开始,通过这两点的直线在第三点与曲线相交,该点的 x 轴对称点即为 P 和 Q 之和. 对密码学家来说,对椭圆曲线加法运算真正感兴趣的是一个点与其自身相加的过程. 也就是说,给定点 P,找出 $P + P$(即 $2P$). 点 P 还可以自加 k 次,得到一点 w,且 $w = kP$.

公钥加密法是一种现代加密法,该算法是由惠特菲尔德·迪菲(Whitfield Diffie,1944—)、马丁·赫尔曼(Martin Hellmann)于1976年提出的. 在这之前所有经典和现代加密法中,一个主要的问题是密钥,它们都只有一个密钥,这个密钥既用来加密,又用来解密. 这看上去很实用也很方便,但问题是,每个有权访问明文的人都必须具有该密钥. 密钥的发布成了这些加密法的一个弱点. 因为如果一个粗心的用户泄漏了密钥,那么就等于泄漏了所有密文. 这个问题被惠特菲尔德·迪菲和马丁·赫尔曼所解决,他们这种加密法有两个不同的密钥:一个用来加密,另一个用来解密. 加密密钥可以是公开的,每个人都可以使用它来加密,只有解密密钥是保密的. 这也称为不对称密钥加密法.

实现公钥有多种方法和算法,大多数都是基于求解难题的. 也就是说,是很难解决的问题. 人们往往把大数字的因子分解或找出一个数的对数之类的问题作为公钥系统的基础. 但是,要谨记的是,有时候并不能证明这些问题就真的是不可解的. 这些问题只是看上去是不可解的,因为经历了多年后仍未能找到一个简单的解决办法. 一旦找到了一个解决办法,那么基于这个问题的加密算法就不再安全或有用了.

现在最常见的公钥加密法之一是 RSA 体制(以其发明者罗纳德·李维斯特(Ron Rivest)、阿迪·萨莫尔(Adi Shamir) 和伦纳德·阿德曼(Leonard Adleman) 命名的). 在椭圆曲线中也存在着这样一个类似的难以分解的问题,

描述如下:给定两点 P 和 W,其中 $W=kP$,求 k 的值,这称为椭圆曲线离散对数问题(Elliptic curve discrete logarithm problem,简称 ECDLP).用椭圆曲线加密可使用较小密钥而提供比 RSA 体制更高的安全级别.

1.6 椭圆曲线密码体制

椭圆曲线理论是代数几何、数论等多个数学分支的一个交叉点.一直被人们认为是纯理论学科,对它的研究已有上百年的历史了.而椭圆曲线密码体制,即基于椭圆曲线离散对数问题的各种公钥密码体制,最早于 1985 年由米勒(Miller)和科布利茨(Koblitz)分别独立提出,它是利用有限域上的椭圆曲线有限群代替基于离散对数问题密码体制中的有限循环群所得到的一类密码体制.

在该密码体制提出的当初,人们只能把它作为一种理论上的选择,并未引起太多的注意.这主要有两个方面的原因:一方面来自它本身,另一方面来自它外部.对来自它本身的原因有两点:一是因为当时还没有实际有效的计算椭圆曲线有理点个数的算法,人们在选取曲线时遇到了难以克服的障碍;二是因为椭圆曲线上点的加法过于复杂,使得实现椭圆曲线密码时速度较慢.对于来自外部的原因我们可以这样理解,在椭圆曲线密码提出之时,RSA 算法提出已有数年,并且其技术已逐渐成熟,就当时的大数分解能力而言,使用不太大的模数,RSA 算法就已经很安全了.这样一来,与 RSA 算法相比,椭圆曲线密码无任何优势可言.早在椭圆曲线密码提出以前,Schoof 在研究椭圆曲线理论时就已发现了一种有限域上计算椭圆曲线有理点个数的算法,只是在他发现这一算法还可以用来构造一种求解有限域上的平方根的算法时,才将它发表.从理论上看,Schoof 算法已经是多项式时间的算法了,只是实际实现起来很复杂,不便于应用.从 1989 年到 1992 年间,Atikin 和 Elkies 对其做出了重大的改进,后来在 Covergnes,Morain,Lercier 等人的完善下,到 1995 年人们已能很容易地计算出满足密码要求的任意椭圆曲线有理点的个数了.椭圆曲线上有限群阶的计算,以及进一步的椭圆曲线的选取问题已经不再是椭圆曲线密码实用化的主要障碍了.

自从 1978 年 RSA 体制提出以后,人们对大数分解的问题产生了空前的兴趣.对有限域上离散对数的研究,类似于大数分解问题的研究,它们在本质上具有某种共性,随着计算机应用技术的不断提高,经过人们的不懈努力后,目前人们对这两类问题的求解能力已有大幅度的提高.

椭圆曲线密码理论是以有限域上的椭圆曲线的理论为基础,其理论的迅速发展有力地推动了椭圆曲线的发展及一门新的学科——计算数论的发展.此外,它更重要的价值在于应用:一方面,在当今快速发展的电子信息时代,其应用会迅速扩展到银行结算、电子商务、通信领域等.目前,国外已有大量的厂商已经使用或者计划使用椭圆曲线密码体制.加拿大的 Certicom 公司把公司的整个投资都投在椭圆曲线密码体制上,它联合了 HP,NEC 等十多家著名的大公司开发了标准 SEC,其 SEC 1.0 版已于 2000 年 9 月发布.著名的 Motorala 则将 ECC(Elliptic Curve Cryptosystem)用于它的 Cipher Net,以此把安全性加入应用软件.总之,它已具有无限的商业价值.另一方面,它也具有重大的军事价值.

总之,开始提到的那道竞赛题是我们了解椭圆曲线这一新领域的一个窗口.

莫德尔－韦伊群

2.1 问题背景

椭圆曲线是现代数论的中心课题之一. 椭圆曲线是含有一个有理点, 亏格为 1 的代数曲线, 20 世纪, 庞加莱 (Poincaré, 1854—1912) 在有理数域上椭圆曲线的有理点集中引进了一种"加法运算", 使之成为一个阿贝尔群, 并且猜测这是一个有限生成的阿贝尔群. 1922 年, 英国数学家莫德尔 (Mordell, 1888—1972) 证明了这一猜测, 即他证明了: 有理数域上椭圆曲线的有理点群是有限生成的阿贝尔群. 莫德尔的这一经典结果不久即被韦伊 (Weil, 1906—1998) 推广到一般数域上, 同时给出了莫德尔定理的一个更为简洁的证明. 莫德尔和韦伊各自所得的结果一起解决了数域上椭圆曲线有理点集的基本结构问题, 这就是著名的莫德尔－韦伊定理:

定理 2.1 数域 K 上的椭圆曲线 E 的有理点群 $E(K)$ 是有限生成的阿贝尔群, 即

$$E(K) \cong \mathbf{Z}^{r_E} \oplus E_{\text{tors}}(K)$$

我们称 $E(K)$ 为 E 的莫德尔－韦伊群 (Mordell-Weil group); $E_{\text{tors}}(K)$ 称为 E 的扭子群 (torsion subgroup); r_E 称为莫德尔－韦伊群的秩或称为 E 的代数秩 (algebraic rank), 简称为秩.

椭圆曲线本身很神秘,我们对其研究也很深刻,它的某些方面与代数数论的研究有着惊人的相似,如它的莫德尔－韦伊群可以看成数域的单位群的类比,而它的沙法列维奇－泰特群(Shafalevich-Tate group)可以看成理想类群的类比,还有尤为著名的伯奇－斯温纳顿－戴尔(Birch-Swinnerton-Dyer,简称 BSD),也可以看成是类数公式的类比.另外它还多次在代数数论和算术几何的重大事件中扮演着不可或缺的角色,本质上是利用一些特殊椭圆曲线的性质. 1983 年,利用狄利克雷(Dirichlet,1805—1859)L－函数的零点分布以及 Gross 和 Zagier 发现的秩为 3 的椭圆曲线 $y^2 = 4x^3 - 28x + 25$ 的算术理论,对于虚二次域 $\mathbf{Q}(\sqrt{D})$,哥德菲尔德(Goldfeld)得到惊人的结果:任给 $\epsilon > 0$,均存在一个有效可计算的常数 $c > 0$ 使得 $h(D) > c(\log|D|)^{1-\epsilon}$,从而彻底解决了高斯(Gauss)虚二次域类数猜想.1994 年,怀尔斯利用弗雷(Frey)曲线 $y^2 = x(x - a^p)(x + b^p)$ 所具备的特殊性质最终证明了费马大定理.当然还有著名的同余数问题:若正整数 n 是三边皆为有理数的直角三角形的面积,则称 n 为同余数.所谓的同余数问题就是给出一个准则来判定一个整数是否是同余数.利用椭圆曲线可将问题转化为:正整数 n 是同余数当且仅当椭圆曲线 $y^2 = x^3 - n^2 x$ 的秩大于 0.2003 年,Burhanuddin 和 Huang 利用椭圆曲线 $E_D: y^2 = x^3 - Dx$ 将莫德尔－韦伊群的有理点计算与满足条件"$D = pq, p, q$ 为有理素数且 $p \equiv q \equiv 3 \pmod{16}$"的整数的分解问题联系在一起,他们还进一步猜测,整数分解与有理点计算是可以多项式等价的,该方法完全不同于 Lenstra 的有限域上椭圆曲线分解整数方法.本章将继续研究这类特殊椭圆曲线,目的是将数域上的椭圆曲线与满足条件"$D = pq, p, q$ 为有理奇素数"的整数的分解问题联系起来.

2.2 国内外研究现状

由莫德尔－韦伊群的结构特点可知,决定椭圆曲线的莫德尔－韦伊群的结构问题即转化为决定扭子群的结构和代数秩这两个问题.接下来我们分别就这两大问题及相关问题做详细阐述.

莫德尔－韦伊群的扭子群的结构相对简单.关于椭圆曲线的扭子群有个著名的"一致界猜想":任意给定次数的数域上的所有椭圆曲线的有理点扭子群的阶都有一个共同的上界,且这个上界只依赖于数域的次数.1969 年,马宁(Manin,1937—)证明了数域上椭圆曲线的扭子群的 p－部分一致有界.1977 年,马祖尔(Mazur,1937—1981)证明了:有理数域上的椭圆曲线的扭子群只有 15 种类型,并且每一种类型都对应无穷多条椭圆曲线.1996 年,小野孝(Ono Takash)对扭子群结构形如 $(\mathbf{Z}/2\mathbf{Z}) \times (\mathbf{Z}/2N\mathbf{Z})$ 的椭圆曲线进行了参数化.2002

年,邱德荣和张贤科对扭子群结构形如 $\mathbf{Z}/2N\mathbf{Z}$ 的椭圆曲线进行了参数化,所用方法基本沿用 Ono 的方法,但是其中的计算则困难得多.1986 年至 1992 年间,Kamienny 考虑了一致界猜想在二次数域上的情形,综合 Kenku 与 Momose 在 1988 年所得的结果,他们完全地解决了二次数域上椭圆曲线的扭子群的结构分类问题,即:二次数域上的椭圆曲线的扭子群只有 26 种类型.马祖尔与 Kamienny-Kenku-Momose 的结果是一致有界猜想的直接验证.1996 年,在众多学者工作的基础上,Merel 最终完全证明了一致有界猜想,即他给出了如下定理:

定理 2.2(Merel 定理) 对任意正整数 d,存在整数 B_d,使得对于 d 次任意数域 K 上的任意椭圆曲线 E,均有 $\#(E_{\text{tors}}(K)) \leqslant B_d$.

对应于椭圆曲线扭子群结构研究在理论上取得的丰富成果,在算法上也有很好的反映.我们以扭子群 $E_{\text{tors}}(\mathbf{Q})$ 的计算为例,结合纳格尔－卢茨(Nagell-Lutz)定理和马祖尔定理,科恩(Cohen)给出了计算 $E_{\text{tors}}(\mathbf{Q})$ 的纳格尔－卢茨算法.1998 年,Doud 利用椭圆曲线的解析参数化即借助魏尔斯特拉斯 $\wp$－函数建立椭圆曲线与 $\mathbf{C}/\Lambda$ 之间的同构,从而给出了快速计算 $E_{\text{tors}}(\mathbf{Q})$ 的算法,其复杂度为 $O(\log^3|\Delta|)$.他的算法比传统的 Nagell-Lutz 算法快.2022 年,García-Selfa 等人就 Tate 正则型椭圆曲线用可除多项式算法给出计算 Etors 的算法,其复杂度比 $O(\log^2|\Delta|)$ 稍差.2007 年,Burhanuddin 在他的博士论文中利用 l-adic 方法提升可除多项式,同样给出了计算 $E_{\text{tors}}(\mathbf{Q})$ 的算法,其复杂度为 $O(\log^2|\Delta|)$.

相比于椭圆曲线扭群结构的研究,椭圆曲线代数秩的研究要困难得多.针对代数秩的研究,我们很自然会有以下两个问题:

(1)对于任意的椭圆曲线 E,有无确定的方法给出 r_E?

(2)对于任意的非负整数 r,是否存在椭圆曲线 E,使得 $r_E = r$?

对于第二个问题,人们猜测有理数域上椭圆曲线的代数秩可以任意大,Mestre 曾给出了构造带有大的代数秩的椭圆曲线的方法.目前已知的最好的结果是 Elkies 在 2006 年找到了一条秩至少为 28 的椭圆曲线,同时他还找到了一条秩为 18 的椭圆曲线.但对于第一个问题,迄今为止,还没有发现一般的行之有效的方法.但是已有方法能给出代数秩的上界,我们这里从算术方面和解析方面两个角度来讨论,即同源下降法和 L－函数.

算术方面.对于定义在数域 K 上的椭圆曲线 E, E',假设存在 $\phi: E \to E'$ 为 p－次 K－有理同源映射,其中 p 为有理素数.记 $E[\phi]$ 为映射 ϕ 的核,则 $E(K)$,$E'(K), E[\phi]$ 均可看作绝对伽罗华群 $G_K = \text{Gal}(\overline{K}/K)$ 上的模,这里不妨假设 $E(K)[p] \neq \varnothing$,通过群的上同调及库默尔(Kummer,1810—1893)理论,我们可以得到 ϕ－塞尔默群(Selmer group)和沙法列维奇－泰特群的 ϕ－部分的关系如下

$$0 \to E'(K)/\phi(E(K)) \to S^{(\phi)}(E/K) \to \mathrm{TS}(E/K)[\phi] \to 0 \quad (1)$$

进一步地有维数公式

$$\dim_{F_p}(S^{(\phi)}(E/K)) + \dim_{F_p}(S^{(\hat{\phi})}(E'/K))$$
$$= r_E + \dim_{F_p}(\mathrm{TS}(E/K)[\phi]) + \dim_{F_p}(\mathrm{TS}(E'/K)[\hat{\phi}]) + 2 \quad (2)$$

而一般情况下,ϕ(或 $\hat{\phi}$)-塞尔默群 $S^{(\phi)}(E/K)$(或 $S^{\hat{\phi}}(E/K)$)中的元素是可以通过判断齐性空间在所有局部上是否有解给出的,借助于哈塞(Hasse,1898—1979)准则,这是可以操作的.而沙法列维奇-泰特群中的元素则需要判定对应的齐次空间在整体上是否有解来给出,因为哈塞局部-整体准则失效,故这是很难操作的,但可以通过计算 ϕ(resp.$\hat{\phi}$)-塞尔默群得到椭圆曲线秩的上界即

$$r_E \leqslant \dim_{F_p}(S^{(\phi)}(E/K)) + \dim_{F_p}(S^{(\hat{\phi})}(E'/K)) - 2 \quad (3)$$

以上就是所谓的同源下降法.研究同源下降法,不仅对椭圆曲线的研究本身意义重大,例如用 2-下降法构造任意大的 ϕ-塞尔默群或沙法列维奇-泰特群,用 5-同源下降法找某些椭圆曲线的沙法列维奇-泰特群中的非平凡 5-阶点等,同时它跟其他方面的研究也有着密切联系.例如借助椭圆曲线的 3-同源下降可以解决二次数域的类群的 3-秩问题.目前 2-同源下降法已有完整的算法.

解析方面.由椭圆曲线 E/K 可以定义它的哈塞-韦伊 L-函数

$$L(E/K,s) = \prod_{v \nmid \Delta}(1 - a_v q_v^{-s} + q_v^{1-2s})^{-1} \prod_{v \mid \Delta}(1 - \varepsilon_v q_v^{-s})^{-1} = \sum_{n=1}^{\infty} a_n n^{-s} \quad (4)$$

这是一个由 E 的几何量得到的函数,仅从定义出发,我们只能证明上述欧拉乘积在 $\Re(s) > 3/2$ 时收敛.哈塞-韦伊猜想断言 $L(E/K,s)$ 可以延拓成全平面的全纯函数并且满足一个联系变量为 s 和 $2-s$ 的函数方程.著名的 Taniyama-Shimura-Weil 猜想是说 $\mathbf{Q}$ 上的椭圆曲线 E 都是模的,即 E 可以用模函数参数化,也就是说,E 的 L-函数 $L(E/\mathbf{Q},s)$ 的梅林(Mellin,1854—1933)反演变换 $f(z)$ 是模群 $SL_2(\mathbf{Z})$ 的某同余子群的一个权 2 的尖形式.1995 年,怀尔斯证明了对半稳定椭圆曲线 E,其 L-函数 $L(E/\mathbf{Q},s)$ 为某个模形式的 L-函数,经 Breuil,Conrad,Diamond 和泰勒等人的共同努力,在 1999 年对一般椭圆曲线也证明了该猜想.解析延拓和函数方程则是赫克(Hecke,1887—1947)给出的一般模形式的结果.这样,由赫克,怀尔斯等人关于模形式方面的工作可知哈塞-韦伊猜想对于 $\mathbf{Q}$ 上的椭圆曲线自然成立,即:

定理 2.3(赫克,怀尔斯) 存在唯一的正整数 $N(E)$ 及 $W(E/\mathbf{Q}) \in \{\pm 1\}$ 使得函数

$$\Lambda(E/\mathbf{Q},s) = N(E)^{s/2} \cdot (2\pi)^{-s} \cdot \Gamma(s) \cdot L(E/\mathbf{Q},s) \quad (5)$$

可延拓为 $\mathbf{C}$ 上的解析函数,满足如下函数方程

$$\Lambda(E/\mathbf{Q},2-s) = W(E/\mathbf{Q}) \cdot \Lambda(E/\mathbf{Q},s) \quad (6)$$

其中
$$\Gamma(s) = \int_0^\infty t^{s-1} e^{-t} dt$$

称 $N(E)$ 为 E 的导子，$W(E/\mathbf{Q})$ 为 E 的根数或函数方程的符号.

1965 年，伯奇和斯温纳顿－戴尔在数值计算的基础上，提出了如下重要猜想：

猜想 2.1(BSD 猜想)　定义椭圆曲线的解析秩为
$$r^{an} = \min_t \frac{d^t}{ds^t} L(E/K, s)|_{s=1} \neq 0 \tag{7}$$

则有：

(1) $r_E = r^{an}$.

(2) $\dfrac{L^{(r_E)}(E/K, 1)}{r_E!} = \dfrac{\# \mathrm{TS}(E/K) \cdot \mathrm{Reg}(E) \cdot \Omega_E \cdot \prod_v c_v}{(\# E_{\mathrm{tors}}(K))^2}$.

其中 $\mathrm{Reg}(E)$ 为椭圆曲线的正规化子(regulator)，Ω_E 为椭圆曲线的实周期(real period)，c_v 为椭圆曲线的 p-adic 周期(Tamagawa 数).

作为它的直接推论即奇偶性猜想：$(-1)^{r_E} = W(E/K)$，给出了定义在数域 K 上椭圆曲线的代数秩与解析秩的奇偶性关系. BSD 猜想在理想上不仅给出了椭圆曲线的秩和 L－函数在 1 处的化零阶的惊人的关系，而且还给出了椭圆曲线的导子、实周期、正规代子和沙法列维奇－泰特群之间精确的关系. 另外，它也可以看成数域类数的解析公式的一维推广. BSD 猜想及其基本哲学可以看成现代数论的中心课题，意义极为重大. 1986 年，Groos 和 Zagier 证明了对有理数域上的椭圆曲线，如果它的 L－函数在 $s = 1$ 处有一阶零点，那么它的代数秩不小于 1. 1990 年，Kolyvagin 证明了对有理数域上的椭圆曲线，如果其 L－函数在 1 处不为 0，那么它的莫德尔－韦伊群是有限群；如果其 L－函数在 $s = 1$ 处一阶零点，那么它的代数秩恰为 1. 1991 年，Rubin 利用欧拉系证明了对定义在类数为 1 的虚二次域 K 上的以 K 为复乘域的椭圆曲线，如果它的 L－函数在 1 处不为 0，那么它的沙法列维奇－泰特群有限；如果它的 L－函数在 1 处为 0，那么要么它的 K－有理点无限，要么对几乎所有的素数 p，它的沙法列维奇－泰特群的 p－部分无限. 综上得到下述定理：

定理 2.4　设 E 是 $\mathbf{Q}$ 上的椭圆曲线.

(1) 若 $r^{an} \leqslant 1$，则猜想 2.1 中的(1)成立，即 $r_E = r^{an}$.

(2) 若 $r^{an} \leqslant 1$，则 $\mathrm{TS}(E/\mathbf{Q})$ 有限.

对于秩大于 1 的椭圆曲线，到目前为止，除了个别实验数据，BSD 猜想还没有任何进展.

关于椭圆曲线的莫德尔-韦伊群

第三章

曾任北京大学校长的丁石孙教授曾在 1988 年 9 月 26 日纪念闵嗣鹤教授学术报告会上指出:

椭圆曲线的算术是数论中的一个分支,十几年来,这方面的研究取得了很快的进展,同时也显示出它与数论中其他一些重要问题的密切联系,因而它的重要性日益受到人们的重视.

下面对有关的问题做一简单的介绍.

3.1 定 义

设 K 为一域,定义在域 K 上的一条不可约的、非奇异的亏格为 1 的射影曲线 E. 若在曲线上取定一点 O,它的坐标在 K 中,就称为定义在 K 上的一条椭圆曲线,记为 E/K. 在不引起混淆的情况下,取定的点 O 就不明确标出了.

根据黎曼-罗赫(Riemann-Roch)定理,椭圆曲线一定有一个平面上的方程

$$y^2 + a_1 xy + a_3 y = x^3 + a_2 x^2 + a_4 x + a_5 \tag{1}$$

其中,$a_1, a_2, a_3, a_4, a_5 \in K$,取定的射影坐标为 $(0,1,0)$,以上的方程是椭圆曲线的仿射方程. 方程(1)称为椭圆曲线 E/K 的一

个魏尔斯特拉斯方程.当然,魏尔斯特拉斯方程不是唯一的,它们可以相差一个坐标变换

$$\begin{cases} x = u^2 x' + r \\ y = u^3 y' + u^2 s x' + t \end{cases} \tag{2}$$

其中,$u,r,s,t \in \overline{K}, u \neq 0$.

对于 E,我们可以定义一个运算:设 $P_1(x_1,y_1), P_2(x_2,y_2)$ 是 E 上的两点,联结 P_1,P_2 两点的直线必与 E 相交于第三个点 Q(根据贝祖(Bézout)定理),直线 OQ 又与 E 交于点 P_3,于是定义

$$P_1 + P_2 = P_3$$

不难证明,在这个运算下,E 上点的全体构成一个交换群.

如果点 P_1,P_2 的坐标全在 K 中,那么很容易看出点 Q 以及点 P_3 的坐标也在 K 中.这就说明 E 的全体在 K 上的有理点构成一个群.一般地,对于任一域 $L \supset K$,E 在 L 上的有理点也构成一个群,这个群记为 $E(L)$,用群论的记号,从 $\overline{K} \supset L \supset K$ 有 $E(K) < E(L) < E(\overline{K})$

在上面的定义中,也可能 $P_1 = P_2$,这时点 P_1,P_2 的连线就取在 $P_1 = P_2$ 处的切线.

由于椭圆曲线 E/K 上的点构成一交换群,所以椭圆曲线也就是一个一维的阿贝尔簇.

椭圆曲线的某些讨论利用方程(1)可以化为简单的代数运算,这种方法是有用的.不过应该指出,方程(1)只有在没有奇点的情况下,才是椭圆曲线,否则是亏格为 0 的曲线.至于有无奇点,根据代数曲线的一般理论就归结为方程的判别式是否为零.

3.2 莫德尔 - 韦伊群

在数论中,我们有兴趣的只是 K 为代数数域或者与之有联系的有限域与 p 进域.所谓椭圆曲线的算术主要是指对 $E(K)$ 的研究,其中 K 为代数数域.

最简单的情形就是 K 为有理数域 $\mathbf{Q}$.第一个结论是 1922 年莫德尔证明的:$E(\mathbf{Q})$ 是一有限生成的交换群.这个结果是庞加莱首先猜出的.到 1928 年,韦伊把莫德尔的结论推广到 K 是一般代数数域的情形,而且把椭圆曲线也推广到一般阿贝尔簇.

因之,现在习惯地称这个结果为莫德尔 - 韦伊定理,而对于代数数域 K,群 $E(K)$ 称为莫德尔 - 韦伊群.

根据交换群的基本定理,对于代数数域 K,我们有

$$E(K) \cong E(K)_{\text{tor}} \bigoplus \mathbf{Z}^r$$

其中 $E(K)_{\text{tor}}$ 为 $E(K)$ 中全体有限阶元素组成的群,它是一有限群.

当 $K = \mathbf{Q}$ 时,E. Lutz 与 T. Nagell 证明了:

设 $E/\mathbf{Q}$ 为椭圆曲线,它的魏尔斯特拉斯方程为

$$y^2 = x^3 + Ax + B, A, B \in \mathbf{Z}$$

如果 $P \in E(\mathbf{Q})$ 是一非零的有限阶点,那么:

(1) $x(P), y(P) \in \mathbf{Z}$.

(2) $2P = 0$(即 $y(P) = 0$),或者

$$y(P)^2 / (4A^2 + 27B^2)$$

这就说明,$E(\mathbf{Q})_{\text{tor}}$ 可以在有限步之内全部决定出来.

当 K 为一般的代数数域时,有限阶点 P 的坐标 $x(P)$ 与 $y(P)$ 也有类似的可除性的条件,因之,原则上容易决定.

1978 年 B. Mazar 证明了:

设 $E/\mathbf{Q}$ 为一椭圆曲线,于是有限阶子群 $E(\mathbf{Q})_{\text{tor}}$ 只有以下 15 种可能

$$\mathbf{Z}/N\mathbf{Z}, 1 \leqslant N \leqslant 10 \text{ 或 } N = 12$$

$$(\mathbf{Z}/2\mathbf{Z}) \times (\mathbf{Z}/2N\mathbf{Z}), 1 \leqslant N \leqslant 4$$

每种可能的情形都是存在的.

自然地,人们希望在一般代数数域的情形也有相仿的结果.至少希望对任一代数数域 K 能有一常数 $N(K)$ 使

$$|E(K)_{\text{tor}}| \leqslant N(K)$$

普遍成立.但是直到现在还没有证明这一点.

马宁在 1969 年证明了:

设 K 为一代数数域,$p \in \mathbf{Z}$ 是一素数,于是存在一常数 $N = N(K, p)$,对于任一椭圆曲线 $E/K, E(K)$ 的 p-准素部分的阶能整除 p^N.

至于莫德尔-韦伊群的无限部分,也就是秩 r,则是个谜.现在还没有有效的方法来确定一条椭圆曲线的秩,即使在有理数域上也如此,虽然在我们见到的椭圆曲线中,绝大部分的秩很小,不过人们普遍相信,在有理数域上,椭圆曲线的秩是无界的,也就是可以有秩任意大的椭圆曲线.

1982 年,Mestre 给出一条秩不小于 12 的椭圆曲线

$$y^2 - 246xy + 35\ 699\ 029y = x^3 - 89\ 199x^2 - 19\ 339\ 780x - 36\ 239\ 244$$

3.3 关于 BSD 猜想

在二次型的算术研究中,哈塞-闵可夫斯基(Hasse-Minkowski)原理(即

局部－整体原理)是关键性的.换句话说,二次型在局部域中的性质基本上决定了它在整体域中的性质.但是对于三次方程,或者说,对于椭圆曲线,哈塞－闵可夫斯基原理不成立.例如

$$3x^3 + 4y^3 + 5z^3 = 0$$

在每个局部域中都有解,但是它没有有理数解.

虽然如此,人们相信,局部性质总在相当程度上反映整体的性质,于是形成下面的猜想.

设 $E/\mathbf{Q}$ 为椭圆曲线,Δ 为 E 的魏尔斯特拉斯方程的判别式($\Delta = 0$ 的充要条件为方程有奇点).F_p 为整数模素数 p 的域,且 F_p 为含有 p 个元素的域.

令 a_p 为 E 在 F_p 中解的个数,再令

$$t_p = 1 + p - a_p$$

定义

$$L_E(s) = \prod_{p|\Delta}(1-t_p p^{-s})^{-1} \prod_{p\nmid\Delta}(1-t_p p^{-s}+p^{1-2s})^{-1}$$

容易证明,上述无穷乘积当 $\mathrm{Re}(s) > \dfrac{3}{2}$ 时是收敛的.

BSD 猜想简单地说就是:

(1) $L_E(s)$ 可以解析延拓到整个复平面.

(2) $L_E(s)$ 在 $s=1$ 处零点的阶就等于 $E(\mathbf{Q})$ 的秩.

这个猜想还远远没有证明,不过近二十年来,取得的部分结果使我们越来越相信它是对的.

当 $s=1$ 时

$$(1-t_p p^{-s}+p^{1-2s})^{-1} = \frac{p}{a_p}$$

由此可见,BSD 猜想与局部－整体原则是有关的.同时,如果这个猜想成立,那么我们就有可能用解析的方法来计算 $E(\mathbf{Q})$ 的秩.

在假定 BSD 猜想的前提下,1983 年 J. Tunnell 证明了:设 n 为奇的无平方因子的整数,于是 n 是同余数(即 n 是某一边长为有理数的直角三角形的面积)的充分必要条件为方程 $2x^2 + y^2 + 8z^2 = n$ 的整数解的个数是方程 $2x^2 + y^2 + 32z^2 = n$ 的整数解的个数的二倍.

3.4 高　　度

在莫德尔－韦伊定理的证明中,要用到"无穷下降法".为了刻画点的复杂程度,作为一种度量,人们引入了高度的概念.例如在射影直线上的有理点

$$P = \left(1, \frac{a}{b}\right), a, b \in \mathbf{Z}$$

我们定义 P 的高度为

$$H(P) = \text{Max}\{|a|, |b|\}$$

对于一般的情形,即 K 为一代数数域,$P^N(K)$ 为 N 上的 N 维射影空间,对于 $P^N(K)$ 中的点 $P = (x_0, x_1, \cdots, x_N)$,我们也可以定义 P 的高度 $H(P)$. 当 E/K 嵌入 $P^N(K)$ 中,可以证明高度小于某一常数 C 的 E/K 上的点的个数总是有限的. 在"无穷下降法"中,高度是一个重要的概念. 不仅如此,在"丢番图几何"中,高度也是一个不可少的概念.

为了使用方便,取高度 $H(P)$ 的对数,即

$$h(P) = \log H(P)$$

可以证明,对于椭圆曲线上的点,高度 $h(P)$ 与一个二次型相差不大. 例如,对于 $P, Q \in E(K)$,可以证明

$$h(P+Q) + h(P-Q) = 2h(P) + 2h(Q) + O(1)$$

其中 $O(1)$ 表示一个与点 P, Q 无关的常数. Nèron 首先提出,能否在 E 上定义出一个二次型,他给出了合适的定义,Tète 也给出了定义,我们称他们定义的高度为标准高度 $\hat{h}$. $\hat{h}$ 在 E 上满足:

(1) 对所有的 $P, Q \in E(\overline{K})$

$$\hat{h}(P+Q) + \hat{h}(P-Q) = 2\hat{h}(P) + 2\hat{h}(Q)$$

(2) 对所有的 $P \in E(\overline{K}), m \in \mathbf{Z}$

$$\hat{h}(mP) = m^2 \hat{h}(P)$$

(3) $\hat{h}$ 在 E 上为一个二次型,即

$$\langle P, Q \rangle = \hat{h}(P+Q) - \hat{h}(P) - \hat{h}(Q)$$

是双线性的.

(4) $\hat{h}(P) \geq 0, \hat{h}(P) = 0$ 当且仅当 P 为有限阶点.

(5) 利用线性性质,把 $\hat{h}$ 推广到

$$E(K) \otimes_{\mathbf{Z}} \mathbf{R}$$

上是正定的.

如果 $E(K)$ 的秩为 r,那么 $E(K) \otimes_{\mathbf{Z}} \mathbf{R}$ 就是一个 r 维欧氏空间(度量为 $\hat{h}$),而 $E(K)$ 的无穷阶点构成 r 维欧氏空间中的一个格.

Nèron 与 Tète 都证明了,对 K 的每个赋值 $v \in M_K$,E 上的点存在一个局部高度 $\hat{h}_v$,而标准高度 $\hat{h}$ 可以分解成局部高度之和,这就给出了一个计算 $\hat{h}$ 的方法. 最近,Silvermen 根据 Tète 的想法做了改进,给出了标准高度 $\hat{h}$ 的一个计算法.

3.5 莫德尔－韦伊群的生成元

当 $E(K)$ 的秩为 r，即
$$E(K) \cong E(K)_{\text{tor}} \oplus \mathbf{Z}^r$$
设 $P_1, \cdots, P_r$ 是 $\mathbf{Z}^r$ 部分的一组生成元. 我们定义, E/K 的椭圆调整子 $R_{E/K}$ 为
$$R_{E/K} = \det(\langle P_i, P_j \rangle), i, j = 1, \cdots, r$$
它也就是在欧氏空间 $E(K) \otimes \mathbf{R}$ 中格 $E(K)/E(K)_{\text{tor}}$ 的基本区域的体积.

$R_{E/K}$ 是椭圆曲线 E/K 的一个重要的算术不变量, 在 BSD 猜想中, 它出现在
$$\lim_{s \to 1}(s-1)^{-r} L_E(s)$$
当中, 因此在决定了椭圆曲线的秩之后, 进一步定出 $E(K)/E(K)_{\text{tor}}$ 的一组生成元也是有意义的.

在 1983 年, 我们证明了椭圆曲线
$$y^2 + y = x^3 - x^2$$
在 $K = \mathbf{Q}(\sqrt{-206})$ 上的秩为 3, 它的一组生成元为
$$P_1 = \left(-\frac{15}{8}, \frac{7}{32}\sqrt{-206} - \frac{1}{2}\right)$$
$$P_2 = \left(-\frac{55}{98}, \frac{47}{1\,372}\sqrt{-206} - \frac{1}{2}\right)$$
$$P_3 = \left(-\frac{55}{8}, \frac{43}{32}\sqrt{-206} - \frac{1}{2}\right)$$

1989 年张绍伟在他的硕士论文中证明了椭圆曲线
$$y^2 = x^3 + 1\,217 x^2 - 96\,135 x$$
在有理数域 $\mathbf{Q}$ 上的秩为 5, 它的一组生成元为
$$P_1 = (-195, 4\,485)$$
$$P_2 = (-1\,105, 5\,525)$$
$$P_3 = (-85, -85)$$
$$P_4 = (255, 10\,965)$$
$$P_5 = (39, 2\,379)$$

张绍伟还找出其他几条秩为 4 的椭圆曲线的生成元.

总之, 椭圆曲线的算术内容极其丰富, 大量结果有待于发掘, 大量的问题有待于解决, 它是数论工作者的一个极具挑战、创新的工作园地.

椭圆曲线中的韦伊猜想[①]

香港中文大学的黎景辉教授曾发文介绍了一个涉及数论、代数几何和调和分析的著名猜想——韦伊关于椭圆曲线的猜想.此文分四个部分,分别描述椭圆曲线、模形论、2×2矩阵群表示理论和朗兰兹(Langlands,1936—)的猜想.他的目的是报道上述四个方面的过去十多年中所出现的成果,指出整个理论的来龙去脉及提供一些参考资料以便读者阅读和进修.为了便于阅读,我们把部分定义和一些有关的问题的讨论写在本节最后的注记里.

4.1 椭圆曲线上的猜想

1.设 K 是任意的域.在 K 上的椭圆曲线 E 是指定义在 K 上的一维可换簇.简单地说,E 是一条亏数为 1 的非奇异代数曲线,同时 E 是一个可换的代数群,群的零点是 K 上的有理点.每一椭圆曲线都有一个仿射魏尔斯特拉斯模型,这模型是由方程式

$$y^2 + a_1 xy + a_3 y = x^3 + a_2 x^2 + a_4 x + a_5 \qquad (1)$$

给出的一条代数曲线,其中 $a_i \in K$.假如 K 的特征值不为 2,3 的话,我们可作变换

[①] 原作者黎景辉.

$$y = x + \frac{a_1^2 + 4a_2}{12}, y' = 2y + a_1 x + a_3$$

这样式(1)就变成经典的魏尔斯特拉斯方程

$$(y')^2 = 4y^3 - g_2 y - g_3 \tag{2}$$

其中,$g_2, g_3 \in K$,这时,E 的群运算"+"就很容易用坐标写出:如果(x_1, y_1),(x_2, y_2)是 E 上两点的坐标,那么(x_3, y_3)是$(x_1, y_1) + (x_2, y_2)$的坐标,则

$$x_3 = -x_1 - x_2 + \frac{1}{4}\left(\frac{y_2 - y_1}{x_2 - x_1}\right)^2$$

$$y_3 = -\left(\frac{y_2 - y_1}{x_2 - x_1}\right) x_3 + \frac{y_2 x_1 - y_1 x_2}{x_2 - x_1}$$

假如 K 是复数的话,以上的群运算可以由以下的图 1 表达.

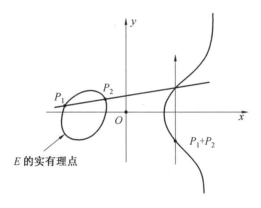

图 1

2. 设 **Q** 是有理数域,E 是在 **Q** 上定义的椭圆曲线,则 E 有一个由方程(1)所定义的魏尔斯特拉斯模型满足下述条件:

(i) 方程(1)中的系数 $a_i \in \mathbf{Z}$(整数集).

(ii) 对每一个整数 p,判别式

$$\Delta = \Delta(a_1, \cdots, a_5) = -(a_1^2 + 4a_2)^2 [(a_1^2 + 4a_2)a_5 - a_1 a_3 a_4 + a_2 a_3^2 - a_4^2] - 8(a_1 a_3 + 2a_4)^3 -$$
$$27(a_3^2 + 4a_5)^2 + 9(a_1^2 + 4a_2)(a_1 a_3 + 2a_4) \cdot$$
$$(a^2 + 4a_5)$$

的 $p -$ 阶为最小. 对 $a \in \mathbf{Z}$,以 $\bar{a}$ 表示 a 在 $\mathbf{Z}/p\mathbf{Z}$ 中的象. 方程

$$y^2 + \bar{a}_1 xy + \bar{a}_3 y = x^3 + \bar{a}_2 x^2 + \bar{a}_4 x + \bar{a}_5 \tag{3}$$

给出一条定义在 $F_p(=\mathbf{Z}/p\mathbf{Z})$ 上的代数曲线,以 E_p 表示之,称 E_p 为 E 对模 p 的约化(reduction mod p).

如果 $p \nmid \Delta(a_1, \cdots, a_5)$($p$ 不能除尽 Δ),那么 $\overline{E}_p$ 仍然是一条椭圆曲线;否则

$\overline{E}_p$ 是一条只有一个奇点,亏数为零的代数曲线. 设

$$N = N(E) = \prod_{p|\Delta} p^{f_p}$$

称 N 为 E 的前导子(conductor)(其中 f_p 为整数,N 的定义可参考 Ogg(*Elliptic curves with wild ramification*,1967)). N 是用来度量 E 的"坏"约化(bad reduction)的程度.

以 $\overline{E}_p(F_p)$ 表示 $\overline{E}_p$ 的 F_p — 有理点,$N_1(p)$ 表示 $\overline{E}_p(F_p)$ 里的元素个数. 这就是说,$N_1(p)$ 是不定方程(3)在 F_p 上的解的个数加1;也可以说成,$N_1(p)$ 是同余方程

$$y^2 + a_1 xy + a_3 y \equiv x^3 + a_2 x^2 + a_4 x + a_5 \pmod{p}$$

的解的个数加1,集 $\{N_1(p) \mid p \text{ 为素数}\}$ 可以看作 E 的一个算术数据. 我们把这些数据存储在一个解析函数里:E 的哈塞—韦伊(Hasse-Weil)ζ—函数是

$$\zeta(E,s) = \prod_{p<\infty}(1 - a_p p^{-s} + \psi(p) \cdot p^{1-2s})^{-1} \tag{4}$$

其中

$$s \in \mathbf{C}, a_p = 1 + p - N_1(p)$$
$$\psi(p) = \begin{cases} 0 & \text{若 } p \mid N(E) \\ 1 & \text{若 } p \nmid N(E) \end{cases}$$

设 $p \nmid N(E)$,a_1 和 a_2 为满足以下方程的复数

$$1 - a_p u + p u^2 = (1 - a_1 u)(1 - a_2 u)$$

则根据椭圆曲线的黎曼假设

$$|\alpha_1| = |\alpha_2| = p^{\frac{1}{2}} \tag{5}$$

由此容易证明无穷乘积(4)在右半平面 $\text{Re}(s) > \frac{3}{2}$ 上决定一个解析函数. 现在我们可以写下韦伊(*Uber die Bestimmung Dirichletsche Reihen durch Funktionalgleichungen*,1967)在 1967 年提出的猜想:

猜想4.1 设 E 是定义在 $\mathbf{Q}$ 上的椭圆曲线,N 为 E 的前导子;χ 是一个对模 m 之原狄利克雷特征标(参看:华罗庚的《数论导引》第7章§3),其中$(m,N)=1$. 设

$$\zeta(E,s) = \sum_{n=1}^{\infty} c_n n^{-s} \tag{6}$$

为 $\zeta(E,s)$ 的狄利克雷级数展开. 定义

$$\zeta(E,\chi,s) = \sum_{n=1}^{\infty} c_n \chi(n) n^{-s} \tag{7}$$

及

$$L(E,\chi,s) = (m^2 N)^{\frac{s}{2}} (2\pi)^{-s} \cdot \Gamma(s) \zeta(E,\chi,s) \tag{8}$$

则 $L(E,\chi,s)$ 是一个整函数(其中 $\Gamma(s)$ 是经典的 Γ-函数),在 **C** 的垂直带上有界,而且满足以下的函数方程

$$L(E,\chi,s) = w\frac{g(\chi)}{\overline{g(\chi)}}\chi(-n)L(E,\overline{\chi},2-s)$$

其中 $g(\chi) = \sum_{y=1}^{m}\chi(y)e^{\frac{2\pi i}{m}}$(高斯和),及 $w = \pm 1$.

这个看来很简单的猜想,目前还未解决,本章的目的在于介绍一个解决这个猜想的策略及这策略和庞大的朗兰兹计划的关系,作为日后介绍这个计划的准备. 另外,猜想 4.1 事实上是一个关于任意代数簇的 ζ-函数之猜想的一个特殊情形,请参看 Serre 的文章(*Facteurs locaux des fonctions zeta des variétés algébriques*, 1970). 为了叙述简单起见,以后我们假设猜想 4.1 中的 $\chi = 1$.

3. 作为以上猜想的一个实验数据,我们介绍一个例子:

设 E 是由方程

$$y^2 + y = x^3 - x^2 \tag{9}$$

所定义的椭圆曲线,式(9)的判别式是 -11;E 的前导子是 11. 可以证明 E 与以下的弗里克(Fricke,1861—1930)曲线 E' 同演(isogenous)

$$y^2 = -44x^3 + 56x^2 - 20x + 1 \tag{10}$$

因而 $\zeta(E,s) = \zeta(E',s)$. 另外,设 G 为上半复平面

$$\Gamma_0(11) = \left\{\begin{pmatrix} a & b \\ c & d \end{pmatrix} \in SL(2,\mathbf{Z}) \mid c \equiv 0 \bmod 11\right\}$$

则弗里克曲线为模簇(modular variety)$\Gamma_0(11)\backslash G$ 之模型(model). 进一步设

$$\sum_{n=1}^{\infty}c_n e^{2\pi i n z}, c_1 = 1 \tag{11}$$

为在 $\Gamma_0(11)$ 上权为 2 的唯一尖形(cuspform),则

$$\zeta(E,s) = \sum_{n=1}^{\infty}c_n n^{-s}$$

这样根据赫克的理论(参看 4.2 节),猜想 4.1 在 $\chi = 1$ 的情形下成立.

4.2 模 形 论

克莱因(F. Klein,1849—1925)曾说过,在他年轻的时候,模函数(modular function)理论是一门热门的学问,但这个理论被遗忘了三十多年,直至最近,由于韦伊、朗兰兹、塞尔伯格(Selberg,1917—)、Shimura 等人的工作,把整个局面完全反转过来,引起许多有为的青年数学工作者的兴趣(如德利涅

(Deligne,1944—),德林费尔德(Drinfeld)等),而介绍模形论(modular form)的书更如雨后春笋,一时令人眼花缭乱(如 Gunning(*Lectures on modular forms*,1962),Ogg(*Modular forms and Dirichlet series*),Schimura(*Introduction to the arithmetic theory of automorphic functions*,1971),Schoeneberg(*Elliptic modular functions*,1974),Lehner(*Lectures on modular forms*, *National Bureau of Standards*,1969),Rankin(*Modular forms and functrons*,1977),Lang(*Introduction to modular forms*,1976),黎景辉(*Lectures on modular forms*,1975)等).

本章的目的只是替读者温习一下定义,和指出模形论与前面的猜想 4.1 的关系.

以 $GL_2^+(\mathbf{R})$ 表示如下之群

$$\left\{ \boldsymbol{\alpha} = \begin{pmatrix} a & b \\ c & d \end{pmatrix} \in GL_2(\mathbf{R}) \mid \det \boldsymbol{\alpha} > 0 \right\}$$

$GL_2^+(\mathbf{R})$ 作用在上半复平面 G 上

$$\alpha(z) = \frac{az+b}{cz+d}, z \in G, \boldsymbol{\alpha} \in GL_2^+(\mathbf{R}) \tag{12}$$

设

$$\Gamma_0(N) = \left\{ \boldsymbol{\alpha} = \begin{pmatrix} a & b \\ c & d \end{pmatrix} \in SL_2(\mathbf{Z}) \mid c \equiv 0 \bmod N \right\}$$

称 $\Gamma_0(N)$ 内之元素 γ 为抛物元,如果 γ 在 $\mathbf{C} \cup \{\infty\}$ 内只有一个不动点,那么称这个不动点为 $\Gamma_0(N)$ 之尖点(cusp);$\Gamma_0(N)$ 之尖点一定在 $\mathbf{R} \cup \{\infty\}$ 内. 称两个尖点对 $\Gamma_0(N)$ 为等价的,如果有一个 $\Gamma_0(N)$ 内之元素把其中的一个尖点变为另一个尖点. 在每个等价类中取一代表,C 为由各代表所组成的集合. 设 $G^* = G \cup C$,则商空间 $\Gamma_0(N) \backslash G^*$ 为一紧致黎曼面. 再者,$\Gamma_0(N) \backslash G^*$ 是一个定义在 $\mathbf{Q}$ 上的射影代数簇 $X_0(N)$ 的 $\mathbf{C}$ — 有理点. 特别在 $\Gamma_0(N) \backslash G^*$ 的亏数为 1 时(如 $N=11,14,15$ 等),$X_0(N)$ 为一椭圆曲线,而且若 $p \nmid N$ 时,则 $X_0(N)$ 对 p 约化仍为一椭圆曲线.

设 $f(z)$ 为 G 上的函数,k 为非负整数,及

$$\begin{pmatrix} a & b \\ c & d \end{pmatrix} \in GL_2^+(\mathbf{R})$$

定义

$$(f|_k\alpha)(z) = (ad-bc)^{\frac{k}{2}} (cd+d)^{-k} \times f(\alpha(z)) \tag{13}$$

一个在 $\Gamma_0(N)$ 上权为 k 的模形是指一个满足以下条件定义在 G 上的函数 $f(z)$:

(i) ,对所有 .

(ii) f 是 G 上的解析函数.

(iii) f 在 $\Gamma_0(N)$ 的每一个尖点上为一个解析函数. 因为 $\begin{pmatrix} 1 & 1 \\ 0 & 1 \end{pmatrix} \in \Gamma_0(N)$,

(i) 及(iii) 的意思是,在 $\Gamma_0(N)$ 的每一个尖点上,$f(z)$ 有以下的傅里叶级数展开

$$f(z) = \sum_{n=0}^{\infty} a_n e^{2\pi inz} \tag{14}$$

如果对每一个尖点,$f(z)$ 的傅里叶展开(14) 中的系数 $a_0=0$,那么称 $f(z)$ 为尖形(cusp form). 我们以 $S_k(\Gamma_0(N))$ 表示由在 $\Gamma_0(N)$ 上权为 k 的尖形所组成的向量空间.

对每个素数 p,可以定义 $S_k(\Gamma_0(N))$ 上的赫克算子,若

$$f(z) = \sum_{n=1}^{\infty} a_n e^{2\pi inz} \in S_k(\Gamma_0(N))$$

则

$$T(p)f(z) = \sum_{n=1}^{\infty} a_{pn} e^{2\pi inz} + \psi(p) p^{k-1} \sum_{n=1}^{\infty} a_n e^{2\pi ipnz}$$

其中 $\psi(p)=0$,如果 $p \mid N$,否则 $\psi(p)=1$. 设 r 为一个正整数,则可以找到 $S_k(\Gamma_0(r))$ 的一个基 $\{^r g_j\}$,使其中每一个 $^r g_j$ 同时为算子 $T(p)((p,r)=1)$ 的本征函数. 以 $S_k^-(\Gamma_0(N))$ 代表由所有 $^r g_j(\delta,z)$(其中 r 为 N 的任意因子,δ 为 N/r 的任意因子) 所生成的 $S_k(\Gamma_0(N))$ 的子空间. $S_k^+(\Gamma_0(N))$ 代表 $S_k^-(\Gamma_0(N))$ 的正交补 —— 正交关系是对 $S_k(\Gamma_0(N))$ 的别捷尔松(Peterson,1828—1881) 内积而言的

$$(f,g)_k = \iint_{\Gamma_0(N)\backslash G} f(z) \overline{g(z)} y^k \frac{dxdy}{y^2}$$

在 $S_k^+(\Gamma_0(N))$ 内可以找到一个由算子集 $\{T(p) \mid (p,N)=1\}$ 的本征函数所组成的一个基. 这基内的每一个元素称之为 $\Gamma_0(N)$ 的原形(primitive form). 如果原形 f 的傅里叶系数 a_1 是 1,那么称 f 为一标准原形(normalized primitive form). 我们可以写出以下的基本定理:

定理 4.1(赫克(*Áber die Bestimmung Dirichletscher Reihen durch ihre Funktionalgleichung*,1936;*Áber Modulfunktionen und die Dirichletschen Reihen mit Eulerscher Produktenwiklung* I,II,1973)) 若 $f \in S_k(\Gamma_0(N))$ 之傅里叶级数展开为

$$f(z) = \sum_{n=1}^{\infty} a_n e^{2\pi inz}, a_1 = 1$$

设

$$L(f,s,\chi) = (m^2 N)^{\frac{s}{2}} (2\pi)^{-s} \Gamma(s) \sum_{n=1}^{\infty} \chi(n) a_n n^{-s}$$

其中 $(m,N)=1$，χ 为一个对模为 m 的原特征标. 设
$$g(\chi) = \sum_{x=0}^{m-1} \chi(x) e^{\frac{2\pi i x}{m}}$$
则有：

(i) $L(f,s,\chi)$ 在某个右复半平面收敛而且可解析开拓为一整函数；此整函数在垂直带上有界，并满足以下的函数方程
$$L(f,s,\chi) = i^k \chi(N) g(\chi)^2 m^{-1} L(f\mid_k [\boldsymbol{\sigma}], s, \overline{\chi})$$
其中
$$\boldsymbol{\sigma} = \begin{pmatrix} 0 & -1 \\ N & 0 \end{pmatrix}$$

(ii) $\sum_{n=1}^{\infty} a_n n^{-s} = \prod_p (1 - c_p p^{-s} + \psi(p) p^{k-1-2s})^{-1}$，当且仅当对所有 p，有 $T(p)f = c_p f$（其中 $\psi(p) = U$，如果 $(p,N) \neq 1$）.

定理 4.2（韦伊） 给定正整数 k, N. 设 $a_1, \cdots, a_n, \cdots$ 为一个满足下列条件之复数序列：

(i) 存在 $\sigma > 0$，使 $|a_n| = O(n^\sigma)$.

(ii) 存在 $k > \delta > 0$，使得狄利克雷级数 $\sum a_n n^{-s}$ 在 $s = k - \delta$ 时绝对收敛.

(iii) 对任一个模为 m 的原特征标 χ（其中 m 为任意与 N 互素的整数），$L(s, \chi) = (2\pi)^{-s} \Gamma(s) \sum \chi(n) a_n n^{-s}$ 可解析开拓为一个在垂直带上有界的整函数，并且有以下的函数方程
$$L(s,\chi) = \chi(N) g(\chi)^2 m^{-1} (m^2 N)^{\frac{k}{2}-s} L(k,s,\overline{\chi})$$
则
$$f(z) = \sum a_n e^{2\pi i n z} \in S_k(\Gamma_0(N))$$

很容易由以上定理看到 L 的猜想 4.1 是和以下的猜想 4.2 等价的.

猜想 4.2 设 E 为一定义在 $\mathbf{Q}$ 上，前导子为 N 的椭圆曲线. $\zeta(E,s) = \sum a_n n^{-s}$ 为 E 的 ξ − 函数，则函数
$$f(z) = \sum_{n=1}^{\infty} a_n e^{2\pi i n z}$$
是 $S_2(\Gamma_0(N))$ 内的一个标准原形，而且
$$L(f,s) = L(E,s)$$

4.3 表 示 论

Jacquet-Langlands(*Automorphic forms on GL*(2), 1970)用群表示论的语

言把定理 4.1,4.2 写出来;但他们的理论不但能够同时处理所有的权 k 和所有的级 N,而且还包括了非解析的模形论(如 Maass(*Áber eine neue Art von nicht analytischen automorphan Funktion und die Bestimmung Dirichletscher Reihen durch Funktionalgleichungen*,1949)的实解析自守形论).

1. 设 H 为一个希尔伯特(Hilbert,1862—1943)空间.一个 H 的有界线性变换 T 称为 H 的自同构,如果存在一个 H 的有界线性变换 S 满足 $TS=ST=I$(H 的恒等变换).以 $GL(H)$ 表示 H 的所有自同构组成的集合.

设 G 为一局部紧致拓扑群,H 为一个希尔伯特空间.称一个群同态 $\prod:G\to GL(H)$ 内 G 在 H 上的表示,如果

$$G\times H\to H:(g,v)\to \prod(g)v$$

为连续映射.如果 H 为一个 n 维空间,那么称 $\prod$ 为一个 n 维表示.称两个 G 的表示 $(\prod_1,H_1)$,$(\prod_2,H_2)$ 为等价的,如果存在一个希尔伯特空间同构 $A:H_1\to H_2$ 同时满足以下条件

$$A\pi_1(g)=\pi_2(g)A,g\in G$$

那么称 A 为 π_1 及 π_2 的交结算子(intertwining operator).称 (π,H) 为酉表示,如果所有的 $\pi(g)$ 均为 H 上的酉算子.

2. 在这一节,设 $G=GL(2,\mathbf{R})$,$A=\left\{\begin{pmatrix}t_1 & 0\\ 0 & t_2\end{pmatrix}\mid t_1,t_2\in\mathbf{R}^\times\right\}$,$N=\left\{\begin{pmatrix}1 & x\\ 0 & 1\end{pmatrix}\mid x\in\mathbf{R}\right\}$,$\mathbf{R}$ 为实数.T 为 G 的李代数,$T_C=T\otimes C$;U 为 T_C 的通用包络代数.以 $\in_-$ 代表在 $\begin{pmatrix}-1 & 0\\ 0 & 1\end{pmatrix}$ 的迪拉克(Dirac,1902—1984)测度.称 $H(G)=U\otimes \in_- \times U$ 为 G 的赫克代数.$H(G)$ 是考虑支集为 $\left\{\begin{pmatrix}\pm 1 & 0\\ 0 & 1\end{pmatrix}\right\}$ 的分布(广义函数);它以卷积为代数乘法.称 $H(G)$ 的一个在复向量空间 V 的表示 π 为容许表示(admissible representation),如果 π 约束在正交群 $O(2,\mathbf{R})$ 的李代数之后,π 分解为有有限重数的有限表示的代数和.G 的表示与 $H(G)$ 的表示对应,所以我们只需要研究 $H(G)$ 的表示.

设 μ_1,μ_2 为 $\mathbf{R}^\times$ 的特征标.$\mathscr{R}(\mu_1,\mu_2)$ 为由满足以下条件的函数 φ 所生成的空间:

(i) $\varphi(\begin{pmatrix}t_1 & *\\ 0 & t_2\end{pmatrix}g)=\mu_1(t_1)\mu_2(t_2)\cdot\left|\frac{t_1}{t_2}\right|^{\frac{1}{2}}\varphi(g),g\in G,t_1,t_2\in\mathbf{R}^\times$.

(ii) $\{\varphi_k\mid k\in SO(2,\mathbf{R})\}$ 生成一个有限维的复向量空间,其中

$$\varphi_k(g)=\varphi(g^k), g\in G$$

若 $X\in U$，我们定义

$$\varphi*X=\frac{\mathrm{d}}{\mathrm{d}t}\varphi(g\exp(-tX))\big|_{t=0}$$

则以下的方程定义一个 $H(G)$ 在 $\mathcal{R}(\mu_1,\mu_2)$ 上的表示 $\rho(\mu_1,\mu_2)$，即

$$\rho(\mu_1,\mu_2)\varphi=\varphi*(-X)$$

定理 4.3(Jacquet，朗兰兹) (i) 如果不存在一个非零整数 p，使得 $\mu_1\mu_2^{-1}(t)=t^p\dfrac{t}{|t|}$，则 $\rho(\mu_1,\mu_2)$ 为一不可约表示；我们以 $\pi(\mu_1,\mu_2)$ 代替 $\rho(\mu_1,\mu_2)$.

(ii) 如果 $\mu_1\mu_2^{-1}(t)=t^p\dfrac{t}{|t|}$，$p$ 为正整数，那么 $\mathcal{R}(\mu_1,\mu_2)$ 内存在一不变子空间

$$\mathcal{R}^s(\mu_1,\mu_2)=\{\cdots,\varphi_{-p-3},\varphi_{-p-1},\varphi_{p+1},\varphi_{p+3},\cdots\}$$

其中 φ_n 由以下公式定义

$$\varphi_n\left(\begin{pmatrix}t_1 & *\\ 0 & t_2\end{pmatrix}\begin{pmatrix}\cos\theta & -\sin\theta\\ \sin\theta & \cos\theta\end{pmatrix}\right)=\mu_1(t_1)\mu_2(t_2)\cdot\left|\frac{t_1}{t_2}\right|^{\frac{1}{2}}e^{in\theta}$$

我们以 $\sigma(\mu_1,\mu_2)$ 表示在 $\mathcal{R}^s(\mu_1,\mu_2)$ 上的表示，称 $p+1$ 为 $\sigma(\mu_1,\mu_2)$ 的最低权；以 $\pi(\mu_1,\mu_2)$ 表示在有限维空间 $\mathcal{R}(\mu_1,\mu_2)/\mathcal{R}^s(\mu_1,\mu_2)$ 上的表示.

(iii) 如果 $\mu_1\mu_2^{-1}(t)=t^p\dfrac{t}{|t|}$，$p$ 为负整数，那么 $\mathcal{R}(\mu_1,\mu_2)$ 内存在一个有限维不变子空间

$$\mathcal{R}^f(\mu_1,\mu_2)=\{\varphi_{p+1},\varphi_{p+2},\cdots,\varphi_{-p-3},\varphi_{-p-1}\}$$

我们以 $\pi(\mu_1,\mu_2)$ 表示在 $\mathcal{R}^f(\mu_1,\mu_2)$ 上的表示；以 $\sigma(\mu_1,\mu_2)$ 表示在 $\mathcal{R}(\mu_1,\mu_2)/\mathcal{R}^f(\mu_1,\mu_2)$ 上的表示；称 $\sigma(\mu_1,\mu_2)$ 的最低权为 $-p+1$.

(iv) $H(G)$ 的任一不可约容许表示必与一 $\pi(\mu_1,\mu_2)$ 或一 $\sigma(\mu_1,\mu_2)$ 等价，称任何与一个 $\sigma(\mu_1,\mu_2)$ 等价的表示为一个离散列表示(discrete series representation)；如果 μ_1 与 μ_2 均为酉特征标，那么称 $\pi(\mu_1,\mu_2)$ 为一酉连续列表示(unitary continuous series representation).

3. 在本节里设 $G=GL(2,\mathbf{Q}_p)$，$K=GL(2,\mathbf{Z}_p)$($\mathbf{Z}_p$ 为 p-进整数)。π 为 G 在复空间 V 上的一个表示，如果：

(i) 对每一个 $v\in V$，集 $\{g\in G\mid \pi(g)v=v\}$ 为 K 的一个开子群.

(ii) 对每一个 K 的开子群 K'，V 的子空间 $\{v\in V\mid$ 对 K' 中的任一 k，$\pi(k)v=v\}$ 是有限维.

则称 π 为容许表示.

设 μ_1,μ_2 为 $\mathbf{Q}_p^\times$ 的特征标。$\mathcal{R}(\mu_1,\mu_2)$ 为由满足下列条件的函数 φ 所生成的

空间：

(i) $\varphi\left(\begin{bmatrix} t_1 & * \\ 0 & t_2 \end{bmatrix} g\right) = \mu_1(t_1)\mu_2(t_2)\left|\dfrac{t_1}{t_2}\right|^{\frac{1}{2}} \cdot \varphi(g), g \in G, t_1, t_2 \in \mathbf{Q}_p^{\times}$.

(ii) φ 是局部常值函数.

以下的方程定义一个 G 在 $\mathscr{R}(\mu_1, \mu_2)$ 上的表示

$$\rho(\mu_1, \mu_2): \rho(\mu_1, \mu_2)(g)\varphi(g_1) = \varphi(g_1 g)$$

如果 $\mu_1\mu_2^{-1}(x) \neq |x|$ 或 $|x|^{-1}$，那么 $\rho(\mu_1, \mu_2)$ 不可约. 这时，我们以 $\pi(\mu_1, \mu_2)$ 代替 $\rho(\mu_1, \mu_2)$，并称之为 G 的主列表示. 如果 $\mu_1\mu_2^{-1}(x) = |x|^{-1}$，那么 $\mathscr{R}(\mu_1, \mu_2)$ 有一个一维不变子空间 $\mathscr{R}^f(\mu_1, \mu_2)$ 以 $\pi(\mu_1, \mu_2)$ 表示 G 在 $\mathscr{R}^f(\mu_1, \mu_2)$ 上的表示；以 $\sigma(\mu_1, \mu_2)$ 表示 G 在 $\mathscr{R}(\mu_1, \mu_2)/\mathscr{R}^f(\mu_1, \mu_2)$ 上的不可约表示. 最后，如果 $\mu_1\mu_2^{-1}(x) = |x|$，那么 $\mathscr{R}(\mu_1, \mu_2)$ 有一个无限维不变子空间 $\mathscr{R}^s(\mu_1, \mu_2)$，以 $\sigma(\mu_1, \mu_2)$ 表示 G 在 $\mathscr{R}^s(\mu_1, \mu_2)$ 上的表示；以 $\sigma(\mu_1, \mu_2)$ 表示 G 在一维空间 $\mathscr{R}(\mu_1, \mu_2)/\mathscr{R}^s(\mu_1, \mu_2)$ 上的表示. 我们称 $\sigma(\mu_1, \mu_2)$，即 $(\mu_1\mu_2^{-1}(x) = |x|$ 或 $|x|^{-1}$ 时) 为 G 的特殊表示.

另外，固定一个 $\mathbf{Q}_p$ 的特征标 τ. 设 L 为 τ 的任意一个可分二次扩张；σ 为伽罗瓦(Galois, 1811—1832)群 $\mathrm{Gal}(L/\mathbf{Q}_p)$ 中不为 1 的元素；设 $q(x) = xx^\sigma$ 及 $t_r x = x + x^\sigma$. ω 为 L 的一个特征标. 以 $\mathscr{S}_\omega(L)$ 表示由满足以下条件的定义在 L 上的复数值函数 φ 所生成的空间：

(i) $\varphi(xh) = \omega^{-1}(h)\varphi(x), x \in L; h \in L$ 及 $q(h) = 1$.

(ii) φ 为一个局部常值有紧致支柱的函数.

可以证明存在只有一个满足下列条件的 $SL(2, \mathbf{Q}_p)$ 在 $\mathscr{S}_\omega(L)$ 上的表示 r_ω^τ

$$r_\omega^\tau\left(\begin{pmatrix} 1 & u \\ 0 & 1 \end{pmatrix}\right)\varphi(x) = \tau(uq(x))\varphi(x)$$

$$r_\omega^\tau\left(\begin{pmatrix} 0 & 1 \\ -1 & 0 \end{pmatrix}\right)\varphi(x) = \gamma \int_L \varphi(y) \tau(t_r(x^\sigma y)) \mathrm{d}y$$

其中 γ 为一个高斯和. r_ω^τ 可以扩充为 $GL(2, \mathbf{Q}_p)$ 的一个不可约表示 $\pi(\omega)$，这表示与 τ 无关. 如果 $p \neq 2$，那么 $\pi(\omega)$ 满足以下条件：对 $\pi(\omega)$ 的表示空间内的任意两个元素 u, v，函数

$$g \to \langle \pi(\omega)u, v \rangle$$

的支柱在 G/Z 中的象是个紧致集. 其中 Z 为 G 的中心，$\langle \cdot, \cdot \rangle$ 为 $\pi(\omega)$ 的表示空间上的一个内积. 我们称凡满足以上条件的表示为绝对尖性表示(absolutely cuspidal representation).

定理 4.4 G 的不可约容许再表示必属以下任一种：

(i) 主列表示 $\pi(\mu_1, \mu_2)$，其中，μ_1, μ_2 均为酉特征标或 $\mu_2(x) = \overline{\mu_1(x)}$ 及 $\mu_1\mu_2^{-1}(x) = |x|^\sigma, 0 < \sigma < 1$.

（ii）满足以下条件的特殊表示 $\sigma(\mu_1,\mu_2)$，$\sigma(\mu_1,\mu_2)$ 约束到 Z 上就相当于乘一个酉特征标.

（iii）满足以下条件的绝对尖性表示 π：π 约束到 Z 上就相当于乘一个酉特征标.

设 π 为 G 的一个不可约容许表示. 如果把 π 约束到 K 上的表示包括 K 的恒等表示, 那么称 π 为第一类表示. 设 μ 为 $\mathbf{Q}_p^\times$ 的一个特征标, μ 的前导子为满足以下条件的最大理想 $p^n Z_p$.

$$\mu(1+p^n Z_p)=1$$

下面定义一个表示 π 的前导子 $c(\pi)$（表 1）：

表 1

表示	前导子
$\pi=\pi(\mu_1,\mu_2)$（主列表示）	（μ_1 的前导子）（μ_2 的前导子）
$\pi=\sigma(\mu_1,\mu_2)$（特殊表示）	$\begin{cases} pZ_p, \text{如果 } \mu_1\mu_2^{-1} \text{ 是非分歧特征标} \\ (\mu_1\mu_2^{-1} \text{ 的前导子})^2, \text{其他情形} \end{cases}$
π 为绝对尖性表示	$p^N Z_p, N\geqslant 2$

如果 π 是个第一类表示, 那么 $c(\pi)=\mathbf{Z}_p$.

4. 我们可把前面的资料组织起来, 建立一个整体的理论. 设 A 为 $\mathbf{Q}$ 的加值量(adeles). A 的每一个元素是一个无穷序列 $(a_\infty,\cdots,a_2,a_3,a_5,a_7,\cdots,a_p,\cdots)$, 其中 $a_\infty\in\mathbf{R}, a_2\in\mathbf{Q}_2,\cdots,a_p\in\mathbf{Q}_p$；而且除有限个 a_p 外, 其余的 a_p 为 p-进整数. 同样可以定义 $GL(2,A)$. $GL(2,A)$ 的任一个不可约容许酉表示 π 均可因子分解为一个无穷张量 $\otimes_p \pi_p$, 其中 π_p 为 $GL(2,\mathbf{Q}_p)$ 的容许表示；π_p 完全由 π 决定, 而且除了有限个素数外, π_p 为第一类表示. 我们还可以定义 π 的 L-函数. 首先, 如果 $\mu(x)=|x|^r\left(\dfrac{t}{|t|}\right)^m$ 是 $\mathbf{R}^\times$ 的特征标, 则设 $L(s,\mu)=\pi^{-\frac{2}{2(s+r+m)}}\times\Gamma\left(\dfrac{s+r+m}{2}\right)$；如果 μ 是 $\mathbf{Q}_p^\times$ 的一个不分歧特征标, 则设 $L(s,\mu)=(1-\mu(p)p^{-s})^{-1}$；如果 μ 是 $\mathbf{Q}_p^\times$ 的一个分歧特征标, 那么设 $L(s,\mu)=1$. 设 $\pi=\bigotimes_p \pi_p$, 则 $L(s,\pi)=\prod_p L(s,\pi_p)$, 其中 $L(s,\pi_p)$ 由以下表 2 决定：

表 2

表示	局部 L-函数
$\pi = \pi(\mu_1, \mu_2)$	$L(s, \mu_1)L(s, \mu_2)$
$\pi = \sigma(\mu_1, \mu_2), \mu_i(t) = t_i^s \left(\dfrac{t}{\|t\|}\right)^m$	$(2\pi)^{-s-s_1} \Gamma(s+s_1)$

$p < \infty$ 时:

表示	局部 L-函数
$\pi = \pi(\mu_1, \mu_2)$	$L(s, \mu_1)L(s, \mu_2)$
$\pi = \sigma(\mu_1, \mu_2)$	$L(s, \mu_1)$
$\pi = $ 绝对尖性	1

若 χ 为 $A^\times / \mathbf{Q}^\times$ 的一个特征标,则 $\chi \otimes \pi$ 为 π 及一维表示 $\chi(\det g)$ 的张量积. 对 $GL(2,A)$ 的任一个表示 π,我们有 $\pi\left(\begin{pmatrix} a & 0 \\ 0 & a \end{pmatrix}\right) = \psi(a) \times I$,其中 I 为恒等算子,ψ 为 A 的一个特征标. 称 ψ 为 π 的中心特征标.

设 $Z_\infty^+ = \left\{ \begin{pmatrix} a & 0 \\ 0 & a \end{pmatrix} \mid a \in \mathbf{R}, a > 0 \right\}$ 及 $X = ZGL(2,\mathbf{Q})\backslash GL(2,A)$.

对 $\varphi \in L^2(X)$,我们定义 $T(g)\varphi(x) = \varphi(xg), x \in X, g \in GL(2,A)$,这样我们得到了 $GL(2,A)$ 在 $L^2(X)$ 上的右正则表示. 设 $L_0^2(X)$ 为由 $L^2(X)$ 内满足以下条件的所有函数 φ 所生成的空间

$$\int_A \varphi\left(\begin{pmatrix} 1 & x \\ 0 & 1 \end{pmatrix} g\right) dx = 0, g \in GL(2,A)$$

以 T_0 表示 $GL(2,A)$ 在 $L_0^2(X)$ 上的右正则表示. 我们称 $GL(2,A)$ 的一个不可约表示 π 为尖性(cuspidal),如果 π 在 T_0 出现.

定理 4.5 设 π 为 $GL(2,A)$ 的一个不可约酉表示,ψ 为 π 的中心特征标,则 π 为尖性,当且仅当对 $A^\times / \mathbf{Q}^\times$ 的任一特征标,$L(s, \psi \otimes \pi)$ 满足以下条件:

(i) $L(s, \chi \otimes \pi)$ 可解析扩张为一个在垂直带上有界的整函数.

(ii) $L(s, \chi \otimes \pi)$ 满足函数方程

$$L(s, \chi \otimes \pi) = \varepsilon(\pi, \chi, s) L(1-s, \chi^{-1} \otimes \tilde\pi)$$

其中 $\tilde\pi(g) = \psi^{-1}(g)\pi(g)$,$\varepsilon(\pi, \chi, s)$ 为一符合定义 π, χ 及 s 的函数.

5. 设

$$K_p(N) = \left\{ \begin{pmatrix} a & b \\ c & d \end{pmatrix} \in GL(2, Z_p) \mid c \equiv 0 \bmod N \right\}$$

则映射

$$x+\mathrm{i}y \leftrightarrow \begin{pmatrix} y^{\frac{1}{2}} & xy^{-\frac{1}{2}} \\ 0 & y^{-\frac{1}{2}} \end{pmatrix}$$

定义一个同构

$$\Gamma_0(N) \mid G \leftrightarrow X/SO(2,\mathbf{R}) \prod_{p<\infty} K_p(N)$$

我们可以把 $GL(2,A)$ 中任一个元素 g 写成 $\gamma g_\infty k$，其中 $\gamma \in GL(2,\mathbf{Q})$，$g_\infty = \begin{pmatrix} a & b \\ c & d \end{pmatrix} \in \{h \in GL(2,\mathbf{R}) \mid \det h > 0\}$ 及 $h_0 \in \prod_{p<\infty} K_p(N)$. 这样透过以上的同构，可以把 $f \in S_k(\Gamma_0(N))$ 对应于一个 X 上的函数 φ_f

$$\varphi_f(g) = f(g_\infty(\mathrm{i}))j(g_\infty,\mathrm{i})^{-k}$$

其中

$$\mathrm{i}=\sqrt{-1}$$

$$g_\infty(\mathrm{i}) = \frac{a\mathrm{i}+b}{c\mathrm{i}+d}$$

$$j(g_\infty,\mathrm{i}) = \frac{c\mathrm{i}+d}{\sqrt{ad-bc}}$$

现在我们可以讨论定理 4.1～4.5 的关系. 首先设 $\pi = \bigotimes_p \pi_p$ 为 $GL(2,A)$ 的一个不可约酉表示，π 满足以下条件：

(i) π 为尖性.

(ii) π 的前导子 $c(\pi) = \prod_{p<\infty} c(\pi_p) = N$.

(iii) π_∞ 与离散列表示 $\sigma(\mu_1,\mu_2)$ 等价，其中

$$\mu_1 \mu_2^{-1}(t) = t^{k-1} \frac{t}{|t|}$$

(iv) 若 $p \nmid N$，π_p 与一个第一类表示 $\pi(\mu_1,\mu_2)$ 等价.

则据(i)，可假设 π 为 T_0 的子表示，并且可以证明 π 的表示空间内满足以下条件的函数 φ 生成一个一维子空间

$$\varphi = (g^{k_\theta k_0}) = \mathrm{e}^{\mathrm{i}k\theta}\varphi(g)$$

其中

$$k_\theta = \begin{pmatrix} \cos\theta & -\sin\theta \\ \sin\theta & \cos\theta \end{pmatrix}$$

而且 $S_k(\Gamma_0(N))$ 内存在一个原形 f_π 使 φ_{f_π} 生成此一维空间. 还有对所有 $p \nmid N$，赫克算子 $T(p)$ 对 f_π 的作用是由方程

$$T(p)f_\pi = p^{\frac{k-1}{2}}(\mu_1^{-1}(p)+\mu_2^{-1}(p))f_\pi$$

给出.

另外,设 f 为 $S_k(\Gamma_0(N))$ 内的一个标准原形,则 $\varphi_j \in L_0^2(X)$. 设 $H(f)$ 为由 $\{T(g)\varphi_f \mid g \in GL(2,A)\}$ 所生成的子空间,π_f 为 $GL(2,A)$ 在 $H(f)$ 上的右正则表示,则根据 Casselman(*On some results of Atkin and Lehner*),Miyake(*On automorphic forms on GL_2 and Hecke Operators*,1971) 及 Jacquet-Langlands,π_f 为一不可酉表示,并且满足以上条件(i) 至(iv).

定理 4.6 $f \to \pi_f$ 是一个由 $S_k(\Gamma_0(N))$ 的正规化原形至 $GL(2,A)$ 的尖性表示等价类的一对一映射,而且

$$L(s,\pi_f) = L(s + \frac{k+1}{2}, f)$$

(参看 Gelbart 的 *Automorphic forms on Adels groups*(1975)).

利用 f 与 π_f 的对应及 $L(s,\pi)$ 的性质,我们容易看到猜想 4.2 可以推广为

猜想 4.3 设 E 为一定义在 **Q** 上的椭圆曲线,则存在一个 $GL(2,A)$ 的尖性表示 $\pi(E)$,使得 $L(\pi(E), s - \frac{1}{2}) = L(E,s)$.

4.4　朗兰兹猜想

这里介绍一个可能解决猜想 4.3 的策略. 首先,对任一 **Q** 上的椭圆曲线 E,可以得到所谓局部韦伊群 $W_{\mathbf{Q}_p}$ 的 2×2 表示 $\{\sigma_p(E)\}$. 根据朗兰兹的猜想 4.1,由 $\sigma_p(E)$ 我们得到 $GL(2,\mathbf{Q}_p)$ 的表示 $\pi_p(E)$. 再根据朗兰兹的猜想 4.2,可知 $\otimes \pi_P(E)$ 为尖性表示,如果由 $\{\sigma_p(E)\}$ 所决定的整体韦伊群 $W_{\mathbf{Q}}$ 的 2×2 表示 σ 为不可约. 这样猜想 4.3 就变为最后的猜想 4.6 了.

1. 韦伊群是由韦伊(*Sur la théorie du corps de classes*,1951;*Basic number theory*, 2nd ed. 1973) 引进以修改伽罗瓦群.

设 $p = \infty$,即 $\mathbf{Q}_\infty = \mathbf{R}$. 这时局部韦伊群 $W_\mathbf{R}$ 是由 $\mathbf{C}^\times$ 及一个元素 e 所生成的群,其中 e 满足条件:$e^2 = -1, eze^{-1} = \bar{z}, z \in \mathbf{C}^\times$.

设 $p < \infty$,令 $\overline{\mathbf{Q}}_p$ 为 $\mathbf{Q}_p$ 的一个代数闭包. 令 F 为 $\mathbf{Q}_p$ 的自同构:$x \mapsto x^p$,则定义局部韦伊群 $W_{\mathbf{Q}_p}$ 为由 F 所生成的 $\mathrm{Gal}(\overline{\mathbf{Q}}_p/\mathbf{Q}_p)$ 的(稠密)子群.

设 K 为一个代数域,$K_{A^\times}$ 为 K 的乘直量群(idele group),$C_k = K_{A^\times}/K^\times$ 为 K 的乘值量类群(idele class group). 对 **Q** 的任一有限伽罗瓦扩张 K,相对韦伊群 $W_{K/\mathbf{Q}}$ 由以下的正合序列决定($\mathrm{Gal}(K/\mathbf{Q})$ 为 $K/\mathbf{Q}$ 的伽罗瓦群)

$$1 \to C_K \to W_{K/\mathbf{Q}} \to \mathrm{Gal}(K/\mathbf{Q}) \to 1$$

我们不去定义整体韦伊群 $W_\mathbf{Q}$. 不过指出 $W_\mathbf{Q}$ 是一个拓扑群,而且对任一个以上的 K,存在一个标准满映射 $\alpha_K: W_\mathbf{Q} \to W_{\mathbf{Q}/K}$. 同时对 $W_\mathbf{Q}$ 的任一个有限维表示 σ,

存在一个 K 及 $W_{\mathbf{Q}/K}$ 的表示 σ_K，使得 $\sigma = \sigma_K \alpha_K$。另外，$\sigma$ 决定一组 $\{\sigma_p\}$，σ_p 为 $W_{\mathbf{Q}_p}$ 的有限维表示。

猜想 4.4 设 $\varepsilon_2(W_{\mathbf{Q}_p})$ 为 $W_{\mathbf{Q}_p}$ 的所有二维表示等价类，$\varepsilon(GL(2,\mathbf{Q}_p))$ 为 $GL(2,\mathbf{Q}_p)$ 的所有不可约容许表示等价类，则存在一个由 $\varepsilon_2(W_{\mathbf{Q}_p})$ 至 $\varepsilon(GL(2,\mathbf{Q}_p))$ 的一一对应：$\sigma \leftrightarrow \pi(\sigma)$。而且阿廷－韦伊（Artin-Weil）的 L－函数 $L(s,\sigma)$ 及 ε－因子 $\varepsilon(\sigma,s)$ 合于 $L(s,\pi(\sigma)) = L(s,\sigma)$ 及 $\varepsilon(s,\pi(\sigma)) = \varepsilon(s,\sigma)$。基本上猜想 4.4 已被证明了。

2. 设 E 为任一 $\mathbf{Q}$ 上的椭圆曲线，令
$$j(E) = 1\,728 g_2^3/(g_2^3 - 27g_3^2)$$

对 E，我们可以造出一组局部韦伊群的表示 $\{\sigma_p\}$。纤维积（fibre product）$E_p = E_\mathbf{Q} \times \mathbf{Q}_p$ 为 $\mathbf{Q}_p$ 上的椭圆曲线。对任一正整数 N，令 $_N E_p$ 为 $E_p(\mathbf{Q}_p)$ 上满足条件 $N_p = 0$ 的点 x（E_p 为一个可换簇）；称 $_N E_p$ 的元素为 E_p 的 N 除点（N division point）。容易证明 $_N E_p$ 为一个秩为 2 的自由 $\mathbf{Z}/N\mathbf{Z}$－模（参看 Lang（*Abelian Varieties*, 1959））。对任一个素数 $l \ne p$，我们定义 E_p 的 Tate－模为
$$T_l(E_p) = \varprojlim_n {}_{l^m} E_p \quad (\lim \text{ 为逆向极限})$$

根据定义，$T_l(E_p)$ 中任一元素为 $x = (x_n)_{n \geq 0}$；其中 $l x_{n+1} = x_n$ 及 $l^n_{x_n} = 0$。因为 l－进整数 $\mathbf{Z}_l = \varprojlim \mathbf{Z}/l^n \mathbf{Z}$。透过
$$z \cdot x = (z_n x_n), z = (z_n) \in \mathbf{Z}_l, x = (x_n) \in T_l(E_p)$$

我们可以把 $T_l(E_p)$ 看作一个秩为 2 的 $\mathbf{Z}_l$－模。令
$$V_l(E_p) = T_l(E_p) \otimes_{\mathbf{Z}_l} \mathbf{Q}_l$$

进一步设 α 为 E_p 的一个自同态，则通过
$$(x_1, x_2, \cdots) \to (\alpha x_1, \alpha x_2, \cdots)$$

我们得到一个自同态
$$\alpha_T: T_l(E_p) \to T_l(E_p)$$

另外，设 σ 为伽罗瓦群 $\mathrm{Gal}(\overline{\mathbf{Q}}_p/\mathbf{Q}_p)$ 的一个元素，设 $E_p(\overline{\mathbf{Q}}_p)$ 任一点 x 的齐性坐标为 (a_1, a_2, a_3)，则通过
$$x^\sigma = (a_1^\sigma, a_2^\sigma, a_3^\sigma)$$

可把 σ 看作是 E_p 的一个自同态。这样我们便得到一个伽罗瓦群的表示
$$\sigma_{p,l}: \mathrm{Gal}(\overline{\mathbf{Q}}_l/\mathbf{Q}_l) \to V_l(E_p): \sigma \to \sigma_T$$

称 $\sigma_{T,l}$ 为 E_p 的 l－进表示（l-adic representation）。现在我们假设 $j(E)$ 为一个 p－进整数，则 E_p 对模 p 约化仍然为一椭圆曲线。这时 $\sigma_{p,l}$ 决定了一个 $W_{\mathbf{Q}_p}$ 的表示，$\sigma_p: W_{\mathbf{Q}_p} \to GL(2, \mathbf{C})$；而且 σ_p 与 l 无关。在另外，如果 $j(E)i$ 不是一个 p 进整数，那么设 $\overline{E}_p = E_p \times_{\mathbf{Q}_p} \overline{\mathbf{Q}}_p$，及 $(\overline{E}_p)\acute{e}_t$ 为 $\overline{E}_p$ 配备了 étale 拓扑（参看 Artin（*Grothendieck Topology*））。这时我们可以定义

Artin-Grothendieck étale 上同调群 $H^1((\overline{E}_p)\text{ét}, \mathbf{Z}/l^n\mathbf{Z})(l \neq p)$（参看 Grothendieck(*Théorie des topos et cohomologie etalo des schémes*(SGA 4))，Deligne(*Cohomologie Etale* SGA $4\frac{1}{2}$))．并设

$$H^1(\overline{E}_p, \mathbf{Z}_l) = \varprojlim H^1((\overline{E}_p)\text{ét}, \mathbf{Z}/l^n\mathbf{Z})$$

及

$$H_l^1(\overline{E}_p) = H^1(\overline{E}_p, \mathbf{Z}_l) \otimes_{\mathbf{Z}_l} \mathbf{Q}_l$$

则存在一个 $W_{\mathbf{Q}_p}$ 在 $H_l^1(\overline{E}_p)$ 上的表示 $\sigma_{p,l}$，同时

$$\sigma_{p,l}: w \to \begin{pmatrix} \mu_1(w) & * \\ 0 & \mu_2(w) \end{pmatrix}$$

其中 μ_1 及 μ_2 为 $\mathbf{Q}_p^+$ 的特征标，及 $\mu_1\mu_2^{-1}(x) = |x|^{-1}$；通过局部类域论(local class field theory) μ_1, μ_2 可看作为 $W_{\mathbf{Q}_p}$ 的特征标．设 $(1,0)$ 及 $(0,1)$ 为 $\mathbf{C}^2$ 的基．以

$$sp(2)(F)((1,0)) = (1,0)$$
$$sp(2)(F(0,1)) = p^{-1}(0,1)$$

定义 $W_{\mathbf{Q}_p}$ 的一个二维表示 $sp(2)$．令 $\sigma_p = sp(2) \otimes \mu_1 |\cdot|^{-1}$，则 $\sigma_p: W_{\mathbf{Q}_p} \to GL(2, \mathbf{C})$ 为一个与 l 无关的 $W_{\mathbf{Q}_p}$ 的表示．最后，如果 $p = \infty$，那么 σ_∞ 为从 $\mathbf{C}^\times$ 的特征标 $z \to |z|^{-1}z$ 得出的 $W_{\mathbf{Q}_p}$ 的导出表示(induced representation)．

综合以上的事实，我们从一条 $\mathbf{Q}$ 上的椭圆曲线 E 得到一组局部韦伊群的表示 $\{\sigma_p(E)\}$；然后，根据猜想 4.4，我们便得到了 $\pi_p(E) = \pi(\sigma_p(E))$，$\pi_p(E)$ 为 $GL(2, \mathbf{Q}_p)$ 的不可约容许表示．令 $\pi(E) = \otimes \pi_p(E)$．

猜想 4.5 如果 σ 为 $W_\mathbf{Q}$ 的一个不可约二维表示，则 $\pi(\sigma) = \otimes \pi_p(\sigma_p)$ 为 $GL(2, A)$ 的一个尖性表示．

利用以上的结果，我们可以把猜想丙改写成

猜想 4.6 设 e 为一定义在 $\mathbf{Q}$ 上的椭圆曲线，则 $\{\sigma_p(E)\}$ 是由一个 $W_\mathbf{Q}$ 的不可约表示 $\sigma_p(E)$ 决定，而且 $\pi(E)$ 有性质

$$L\left(\pi(E), s - \frac{1}{2}\right) = L(E, s)$$

关于韦伊的椭圆曲线猜想的研究工作，目前是非常活跃，我们的介绍就暂停在这里了．

注 本节基本上是根据朗兰兹 1973 年在耶鲁大学的演讲写成的．

4.5 附　　注

1. 所谓可换簇(abelian variety)是指一个完备的不可约群簇．目前可换簇

的教科书有曼福德(Mumford,1937—)(*Abelian varieties*),朗格(Lang, 1927—)(*Abelian varieties*,1959),韦伊(*Variétés abéliennes et courbes algébriques*)和斯温纳顿-戴尔(*Analytic theory of abelian varieties*,1974). 其中曼福德的书最新,是用架(scheme)的语言来写的,但是关于可换簇的雅可比的理论,只好从朗格和韦伊的书中学.斯温纳顿-戴尔的书最浅,而且又薄, 只有 90 页.关于椭圆曲线有罗伯特(Robert)(*Elliptic curves*,1973)和朗格 (*Elliptic functions*,1973)的教科书及卡斯塞尔斯(Cassels)(*Diophantine equation with special reference to elliptic curves*)和泰特(*Elliptic Curves*; *The arithematic of elliptic curves*,1974)的文章.其中泰特的 Haverford 讲义的对象是大学生,所以写得非常浅易;卡斯塞尔斯的进展文章(*Abelian varieties*)主要介绍椭圆曲线上有理点的算术,文内还讨论了著名的 BSD 猜想, 关于这猜想最近的工作有 Coates 及韦伊(*On the Conjecture of Birch and Swinnerton-Dyer*,1977).

2. 熟悉复变函数论的读者就会立刻认出方程(2)乃是魏尔斯特拉斯 P-函数所满足的微分方程. 实际上,定义在 **C** 上的椭圆曲线都是与 **C**/L 解析同构,其中 L 是 **Q** 里的一个格. 设

$$P(z) = \frac{1}{z^2} + \sum{}' \left(\frac{1}{(z-\omega)^2} - \frac{1}{\omega^2} \right)$$

$$g_2 = 60 \sum{}' \omega^{-4}, \quad g_3 = 140 \sum{}' \omega^{-6}$$

其中 $P(z)$ 是关于 L 的魏尔斯特拉斯 P-函数,$\sum$ 是对所有 $\omega \in L - \{0\}$ 求和. 设 $X_0 \subset \mathbf{C}^2$ 是由

$$y^2 = 4x^3 - g_2 x - g_3$$

所决定的代数曲线,则

$$\varphi_0: \mathbf{C}/L - \{0\} \rightarrow X_0 : [z] \mapsto (P(z), P'(z))$$

是一个解析同构(其中 $P'(z) = \dfrac{\mathrm{d}P}{\mathrm{d}z}$). 如果我们用齐性坐标的话,$\varphi_0$ 可以扩展到整个 **C**/L 上面.

3. 一个有理数 r 的 p-阶为 n,如果 $r = p^r s$,其中 s 为一个与 p 互素的有理数.

4. 对任意一个定义在域 K 上的代数簇 V,可定义一个 ζ-函数 $Z(V,s)$(参看塞尔(Serre,1926—)(*Facteurs locaux des fonctions zeta des variétés algébriques*,1970)及托马斯(Thomas,1912—1976)(*Zeta functions*,1977)). 这个 ζ-函数的性质是近年来代数几何算术理论的主要研究对象. 若 K 是一个有限域,韦伊(*Number of solutions of equations in finite fields*,1949)提出了关于 $Z(V,s)$ 的黎曼假设. 其实早在 1936 年赫塞已证明了椭圆曲线的黎曼假

设,韦伊在 1940 年证明任意曲线的黎曼假设,最后 Grothen Deck 的学生德林(*La conjecture de* Weil I,1974)在 1974 年证明了任意射映簇的黎曼假设.德林的证明可算是 scheme 理论的一个巨大的成果,并且确定了这理论在代数几何中的地位.(德林在 1978 年得了国际数学会的菲尔兹奖.)

5. $SL(2,\mathbf{Z})$ 是指 2×2 的系数为整数($\mathbf{Z}$),行列式为 1 的矩阵.

6. 换句话说,f 是 $\Gamma_0(N)\backslash G^*$ 的典范层 Ω 的 k 次积的解析截面.模形只不过是自守形(automorphic form)的一个特殊情形.介绍自守形近代的理论的波莱尔(Borel,1923—2003)(*Introduction to automorphic form*,1966;*Fomes automorphes et series de Dirichlet*,1976).设 G 是一半单李群,Γ 是 G 的一个算术子群(在我们现在的情形下,$G=SL(2,\mathbf{R})$,$\Gamma=\Gamma_0(N)$).朗兰兹(*On the functional equations satisfied by Eisenstein series*)利用 Harish-Chandra 所定义的自守形,推广了塞尔伯格(*Harmonic analysis and discontinuous groups in weakly symmetric Riemannian spaces with applications to Dirichlet series*,1956;*Discontinuous groups and harmonic analysis*)的结果,利用艾森斯坦(Eisenstein,1823—1852)级数做出了 G 在 $L^2(\Gamma/G)$ 的正则表示的谱分解的连续部分.

7. 对一般的代数群也可以定义赫克算子.

8. 原形理论首先由 Atkin-Lehner(*Hecke operators on* $\Gamma_0(m)$,1970) 提出(参看 Li(*New forms and functional equations*,1975)).

9. $X_0(N)$ 的 0 次因子除去主因子便是 $X_0(N)$ 的雅可比行列式:$J_0(N)$.这是一在 $\mathbf{Q}$ 上定义的 g 维 J 换簇($g=X_0(N)$ 的亏数).称一权为 2 的标准原形 f 为有理,如 f 之所有傅里叶系数 a_n 为整数.这样,$T(p)-a_p$ 为 $J_0(N)$ 上的自同态.以 Y 表示所有这些自同态的象的并集,则商簇 $J_0(N)/Y$ 是一椭圆曲线,以 E_f 表之.因而得到

$$f \to E_f$$

它是一个由 $S_2(\Gamma_0(N))$ 里的有理标准原形集合到 $\mathbf{Q}$ 上的椭圆曲线同演类集合的对应.我们有以下的一个猜想:

$f \mapsto E_f$ 是一个一对一满映射(bijection),以上的猜想是与猜想 4.2 及"同演猜想"等价的.关于此等问题,请参看 Birch-Swinnerton-Dyer,*Elliptic curves and modular functions*,1975;Mazur Swinnerton-Dyer,*Arithmetic of Weil curves*,1974;Serre,*Abelian l-adic representations and elliptic curves*,1968;Shimura,*On elliptic curves with complex multiplications*,1971;Yamamoto,*Elliptic curves of prime power Conductor*,1975.

10. 我们把 $L(f,s,l)$ 写成 $L(f,s)$.可以留意到 $L(f,s)$ 是狄利克雷级数 $\sum a_n n^{-s}$ 的梅林变换

$$N^{\frac{s}{2}}\int_0^\infty f(\mathrm{i}y)y^{s-1}\mathrm{d}y = L(f,s)$$

11. 在前面，我们基本上介绍 $GL(2)$ 在 **Q** 的各个完备化（completion）：**R**，$\mathbf{Q}_p$（p 为素数）上的酉表示的分类（所有酉表示均为容许表示）. 当然我们可以用一个代数群代替 $GL(2)$，而提出同样的问题. 在实（或复）数域上，李群的无限维容许表示的分类的问题，基本上由 Harish-Chandra 解决. 这是一项伟大的工作，他用了二十多年时间来研究这问题（主要的工作是 *Discrete series* Ⅰ，Ⅱ，1966）. 另外，在非阿基米德（Archimedes，前287— 前212）域上，代数群的无限维表示的分类的问题还是在初步阶段（可参看 Howe, *Representation theory of GL(n) over a p-adic field*, 1974; Jacquet, *Zeta functions of simple algebras*, 1972; Harish-Chandra, *Representation theory of p-adic groups*; Casselman, *Introduction to the representations of reductive p-adic group*; Shalika, *Representations of* 2×2 *unimodular group over local fields*, 1966）.

12. 对于任意一个代数数域，也可以定义它的加值量（参看 Goldstein(*Analytic number theory*, 1973)）. 若 G 是一个代数群，关于 $G(\mathbf{A})$ 的定义可看 Weil, *Adeles and algebraic groups*, 1961; Gelfand Graev Pyatetskei-Shapiro, *Representative theory and automorphic functions*, 1969. 我们以加值量作为加法的赋值向量的简写，这样我们便可以把 ideles 译为乘值量.

13. 我们说 G 的表示 (π', H') 在 (π, H) 中出现，如果在 H 内存在一个不变子空间 H_1, π_1 为 G 约束到 H_1 上的表示，而且 (π', H') 与 (π_1, H_1) 等价.

14. (i) 参看 P. Deligne, *Formes modulaires et representations de GL(2)*, Springer Lecture Notes Math., 349(1973) §3.2; J. B. Tunnell, *On local Langlands conjucture for GL(2)*, Inv. Math., 46(1978), 179-200.

(ii) 当然如果我们把猜想 4.1 中的 **Q** 以任意的整体域 K（即代数数域，或有限域上的一元代数函数域）代替，情形就复杂得多了，而猜想 4.1 在这情形下还未全部被解决，参看以上图兰（Tunnell）的文章.

(iii) 再进一步，我们可以用一个定义在整体域 K 上的适约代数群 G 代替 $GL(2)$（我们把 reductive 译作"适约"以便和 reducible"可约"区别）. 这时猜想 4.1 就变为朗兰兹计划中的一个问题. 要介绍朗兰兹计划就远超出本书的范围，读者可参看 Langlands, *Probleme in the theory of automorphic forms*, 1970 及 Borel, *Formes automorphes et series de Dirichlet*, 1976. 在 1977 年夏天，美国数学学会在 Corvallis 开了一个 Summer Institute 全面讨论朗兰兹计划在目前的情形，可参看 *Proceedings Symposia in Pure Mathematics*: *Representations*, *Automorphic Forms and Lfunctions*. 另外还可参看

Langlands, *Some Contemporary problems with orighins in the Jugendtraum*, Proc. Symposia Pure Math. AMS；*Hilbert problems*，及黎景辉《介绍类域论：过去及未来》.

(iv) 与这些有关,还有一个值得谈的问题：设 G 是半单李群，K 为 G 的一个极大紧致子群. 设 $X = G/K$ 为一对称有界域. 对 G 的任一算术子群 Γ，我们称 $\Gamma \backslash X$ 为一 Shimura 簇. 我们想用自守表示的 L — 函数去算 $\Gamma \backslash X$ 的 ζ — 函数. 目前，我们所知的情况，距离这问题的解决还很远. 可参看：Langlands, *Zeta function of Hilbert moduli variety* 及 Detigne, *Travaux de Shimura*, *Springer Lecture Notes Math.*, 244(1971), 123-165.

15. Tale 上同调群是研究簇的算术的一个重要工具（比如在 Deligne, *La Conjecture de Weil I*, 1974; Langlands, *Modular forms and l-adic representations*, Springer Lecture Notes, 349(1973), 361-500). 要研究有关的理论，就一定先要学习格罗腾迪克（Grothendieck, 1928—2014）的代数几何学（scheme 的理论等）.

16. 猜想 4.2 "差不多" 是和阿廷猜想（*Theorie der L-Reihen mit allgemeinen Gruppencharakteren*, 1930）等价. 设 K 为一整体域，$\overline{K}$ 为 K 的一个可分闭包，σ 为伽罗瓦群 $\mathrm{Gal}(\overline{K}/K)$ 的一个有限维表示，$\check\sigma$ 为 σ 的逆步表示，则阿廷猜想为：阿廷 L — 函数 $L(s,\sigma)$ 可以解析扩张至 $\mathbf{C}$ 上的一个亚纯函数，而且满足以下的函数方程

$$L(s,\sigma) = \in (s,\sigma) L(1-s,\check\sigma)$$

目前的工作是直接去证明猜想 4.2，然后用猜想 4.2 来证明阿廷猜想. 当 σ 为一、二维不可约表示时，F 为 K 的任一个有限伽罗瓦扩张，则 $\sigma(\mathrm{Gal}(F/K))$ 在 $PGL(2,\mathbf{C})$ 的象一定与以下任一群同构：

（Ⅰ）二面体群，（Ⅱ）四面体群，（Ⅲ）八面体群，（Ⅳ）二十面体群.

在第（Ⅰ）个情形时，阿廷在 *Grothendieck Topology* 中证明了阿廷猜想. 朗兰兹证明在第（Ⅱ）个情形下的阿廷猜想（参看 Gelbart, Springer Lecture Notes Math., 627(1977), 243-276). 关于第（Ⅳ）种情形，请参看 J.P. Buhler, *Icosahedral Galois representations*, Springer Lecture Notes Math., 654(1978). 其他情形还在研究中.

17. 设 G 为拓扑群，P 为 G 的一个闭子群. 设 G 为单位模（unimodular），(σ, V) 为 P 的一个表示. 考虑映射

$$f: G \to V$$

使得：

（Ⅰ）f 对 G 的哈尔（Haar, 1885—1933）测度可测.

（Ⅱ）$f(pg) = \Delta(p)^{\frac{1}{2}} \sigma(p) f(g), p \in P, g \in G, \Delta$ 为 P 的模函数.

（Ⅲ）f 在 $P\backslash G$ 上二次可积. 以 H 表示由以上的函数 f 所生成的空间，我们可以用方程
$$\pi(g)f(x) = f(xg)$$
定义 G 在 H 上的表示 π，称 π 为 σ 从 P 到 G 的导出表示.

椭圆曲线、阿贝尔曲面与正二十面体[①]

第五章

5.1 引　言

这篇报告是根据 Klaus Hulek 于 1987 年在柏林为德国数学协会所做的演讲扩充而写成.

首先开始讨论正二十面体和它的对称群. 5.3 节考虑椭圆曲线. 从椭圆曲线的分类出发,我们用自然的方式引进水平结构与 Shioda 参量曲面(通用椭圆曲线). 椭圆曲线的一个自然的推广是阿贝尔簇,后者与它们的参量(moduli)将在 5.4 节讨论. 在 5.5 节处理阿贝尔簇的射影嵌入. P_4 中的阿贝尔曲面的存在起着特殊的作用,这是首先由意大利数学家 A. Comessatti 在 1916 年指出的. 这构造直接给出与希尔伯特参量曲面的联系. 5.6 节的中心是所谓的 Horrocks-Mumford 丛. 它多次在正二十面体、椭圆曲线及阿贝尔曲面之间起着联系作用.

[①] 原题:Elliptische Kurven, abelsche Flächen und das Ikosaeder. 译自:Jahresbericht der Deutschen Mathematiker Vereinigung, 91(1989), 126-147.

5.2 正二十面体

在古代人们就已知道在三维空间 $\mathbf{R}^3$ 中正好有五个正多面体:正四面体、正六面体、正八面体、正十二面体与正二十面体.正二十面体有 12 个顶点、30 条棱和 20 个面.设想正二十面体坐落在 $\mathbf{R}^3$ 中,它的中心位于原点,而它的顶点都在单位球 S^2 上.

正二十面体的对称群,即所谓的正二十面体群,由所有的把正二十面体 I 变为自身的旋转所组成.即
$$G=\{g\in SO(3,\mathbf{R})\mid g(I)=I\}$$
不难看出它由三种类型的旋转所生成:

(i) 旋转轴是两对径顶点的连线,旋转角为 $k\cdot\dfrac{2\pi}{5}$,$k\in\{0,1,2,3,4\}$.

(ii) 旋转轴是两相对棱中点的连线,旋转角为 $k\cdot\pi$,$k\in\{0,1\}$.

(iii) 旋转轴是两相对面中点的连线,旋转角为 $k\cdot\dfrac{2\pi}{3}$,$k\in\{0,1,2\}$.

计算轴的个数与旋转的阶数,得到群的阶
$$|G|=1+6\times 4+15\times 1+10\times 2=60$$
可证明 G 是个单群,即不包含非平凡的正规子群.于是 G 同构于交错群 A_5.还有
$$G\cong A_5\cong PSL(2,\mathbf{Z}_5)$$
借助球极投影
$$(x,y,z)\mapsto \frac{x+\mathrm{i}y}{1-z},\ N\to\infty$$
熟知可将二维球面与复射影直线等同
$$S^2\cong \mathbf{C}\cup\{\infty\}=P_1=P(\mathbf{C}^2)$$
正如 F. Klein 所注意到. 通过适当选择正二十面体(图 1)在二维球内的位置,可将 I 的顶点与
$$0,\infty,\varepsilon^K(\varepsilon^2+\varepsilon^3),\varepsilon^K(\varepsilon+\varepsilon^4)$$
$$(\varepsilon=e^{\frac{2\pi\mathrm{i}}{5}},k\in\{0,1,2,3,4\})$$
诸点等同.

通过球极投影(图 2),$\mathbf{R}^3$ 中每个旋转定义了一个 P_1 到自身的保角变换.有包含关系
$$SO(3,\mathbf{R})\subset Aut(P_1)=PGL(2,\mathbf{C})$$

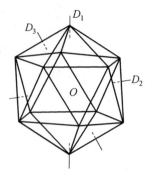

图 1 正二十面体

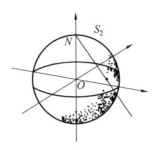

图 2　球极投影

射影线性群 $PGL(2,\mathbf{C})$ 被特殊线性群二重地覆盖着. 在这覆盖之下, $SO(3,\mathbf{R})$ 的原象是 $SU(2,\mathbf{C})$. 这给出

$$\begin{array}{ccc} \{\pm 1\} & \{\pm 1\} & \{\pm 1\} \\ \downarrow & \downarrow & \downarrow \\ G' \subset & SO(2,\mathbf{C}) \subset & SL(2,\mathbf{C}) \\ \downarrow 2:1 & \downarrow 2:1 & \downarrow 2:1 \\ G \subset & SO(3,\mathbf{R}) \subset & PGL(2,\mathbf{C}) \end{array}$$

其中 G' 是 G 在 $SU(2,\mathbf{C})$ 中的原象. G' 称为双正二十面体群. 还有

$$G' \cong SL(2,\mathbf{Z}_5)$$

群 G' 由下列矩阵所生成

$$a=\begin{pmatrix} -\varepsilon^3 & 0 \\ 0 & -\varepsilon^2 \end{pmatrix}, c=-\frac{1}{\sqrt{5}}\begin{pmatrix} \lambda & \lambda' \\ \lambda' & -\lambda \end{pmatrix}$$

其中

$$\lambda=\varepsilon-\varepsilon^4, \lambda'=\varepsilon^2-\varepsilon^3$$

$|a|^5=|c|^2=(|ac|)^3=-1$ 成立.

5.3　椭　圆　曲　线

设

$$H=\{z\in\mathbf{C}|\operatorname{Im} z>0\}$$

为上半面. 每一 $\tau\in H$ 定义了一个网络

$$\Omega(\tau):=\mathbf{Z}+\mathbf{Z}\tau\subset\mathbf{C}$$

商空间

$$E_\tau=\mathbf{C}/\Omega(\tau)$$

是个拓扑的环面(即同胚于 $S^1\times S^1$). E_τ 也承载一个从 $\mathbf{C}$ 自然诱导而来的复结构, 而形成亏格为 1 的紧黎曼面. 亏格为 1 的紧黎曼面也称为椭圆曲线.

每一个椭圆曲线都可用上述方式获得. 要描述两点 τ 与 τ' 何时同构, 即椭圆曲线之间的双全纯等价, 我们要用参量群
$$\Gamma = PSL(2,\mathbf{Z}) = SL(2,\mathbf{Z})/\{\pm 1\}$$
群 Γ 在 H 上的作用是
$$\tau \mapsto \frac{a\tau+b}{c\tau+d}, \begin{pmatrix} a & b \\ c & d \end{pmatrix} \in SL(2,\mathbf{Z})$$
注意 -1 在 H 上的作用是平凡的. 我们有熟知的下述定理:

定理 5.1 椭圆曲线 E_τ 与 $E_{\tau'}$ 当且仅当 τ 与 τ' 相对于 Γ 等价时同构.

换言之, 椭圆曲线的同构类与轨道空间 H/Γ 的点成一一对应. 商空间本身也是个(开)黎曼面, 它通过 j 函数与 $\mathbf{C}$ 同构. 对应 $\tau \mapsto E_\tau$ 也是一对一的, 即
$$\mathbf{C} \cong H/\Gamma \xrightarrow{\sim} \{\text{椭圆曲线}\}/\text{同构}$$
我们于是构造了椭圆曲线同构问题的一个(粗)参量空间, 即一个复二维曲面 S 和一个投影 $\pi: S \to H/\Gamma$, 使得每一点 $\bar{\tau} \in H/\Gamma$ 的纤维 $S_{\bar{\tau}} = \pi^{-1}(\bar{\tau})$ 为同构于 E_τ 的椭圆曲线. 然而这样的一个"通用"椭圆曲线在原有的基础上并不存在. 这是因为, 与所有其他椭圆曲线相比较, 由 $\tau = i$ 与 $\tau = e^{\frac{2\pi i}{3}}$ 定义的椭圆曲线有附加的自同构. 但通过添设一个附加结构还是可以导致通用椭圆曲线. 为了较详细地解释这一点, 对给定椭圆曲线 E, 让我们考虑 n 分点或 n 绕率点所组成的群
$$E^{(n)} = \{a \in E \mid na = 0\}$$
(关于 $n=2$ 情况, 见图 3)有一个(非典范)同构

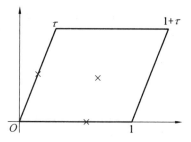

图 3 有二分点的网格

$$E^{(n)} \cong \mathbf{Z}_n \times \mathbf{Z}_n$$

群 $E^{(n)}$ 上有一个内蕴的、非退化的、交错的 $\mathbf{Z}_n$-双线型. 为了说明这一点, 把 E 写作 $E = \mathbf{C}/\Omega$. 在 Ω 上有双线型
$$\langle,\rangle: \Omega \times \Omega \to \mathbf{Z}$$

$$\langle k+l\tau, m+n\tau \rangle = \det \begin{pmatrix} k & m \\ l & n \end{pmatrix}$$

n 分点 $\alpha, \beta \in E^{(n)}$ 有代表 $\alpha', \beta' \in \frac{1}{n}\Omega$. 定义
$$(,): E^{(n)} \times E^{(n)} \to \mathbf{Z}_n$$
$$(\alpha, \beta) := \langle n\alpha', n\beta' \rangle \bmod n$$
这定义与代表的选择无关.

注记 5.1 有典范同构 $\Omega \cong H_1(E, \mathbf{Z})$. 因此双线型 $\langle,\rangle$ 与相交乘积
$$H_1(E,\mathbf{Z}) \times H_1(E,\mathbf{Z}) \to \mathbf{Z}$$
等同.

定义 5.1 E 上的一个水平 n 结构是一组满足 $(\alpha,\beta)=1$ 的基 α,β.

为了描述有水平 n 结构的椭圆曲线的同构类,我们考虑 n 阶主同余子群(principal congruence subgroup)
$$\Gamma(n)=\{\gamma\in SL(2,\mathbf{Z})\mid \gamma\equiv 1\bmod n\}$$
作为 $SL(2,\mathbf{Z})$ 的子群, $\Gamma(n)$ 也作用在 H 上. 商空间 $X_0(n)=H/\Gamma(n)$ 仍然是个开黎曼面, 对每个 $\tau\in H$, $(\alpha,\beta)=\left(\dfrac{1}{n},\dfrac{\tau}{n}\right)$ 定义了 E_τ 上的一个水平 n 结构. 这对应诱导出一一对应, 即
$$X_0(n)=H/\Gamma(n)\widetilde{\to}\{\text{有水平 }n\text{ 结构的椭圆曲线}\}/\text{同构}$$
下面假设 $n\geqslant 3$. 不难看出 $X_0(n)$ 是个细参量空间, 即存在有水平 n 结构的通用椭圆曲线. 更进一步, 通过添加所谓的尖点可使 $X_0(n)$ 完备化而成为一紧黎曼面(代数曲线)
$$X(n)=X_0(n)+\text{尖点}$$
$X(n)$ 的亏格是
$$g(n)=1+\frac{n-6}{12}t(n)$$
其中
$$t(n)=\frac{1}{2}n^2\prod_{p\mid n}\left(1-\frac{1}{p^2}\right)$$
为尖点的个数. 此处乘积中 $p\geqslant 2$ 表示素数.

Shioda 对每一个 $n\geqslant 3$ 构造了一个射影代数曲面 $S(n)$, 和一个满足下列性质的投影 $\pi:S(n)\to X(n)$:

(i) 对 $x\in X_0(n)$, 纤维 $E_x=\pi^{-1}(x)$ 为一光滑椭圆曲线.

(ii) 对 $x\in X(n)\setminus X_0(n)$ 纤维 $E_x=\pi^{-1}(x)$ 为一由 n 条有理曲线组成的 n 边形, 且每条边的自相交数为 -2(图 4).

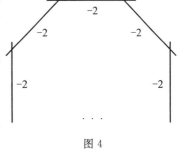

图 4

(iii) 曲面 $S(n)$ 有 n^2 个截面, 它们构成一个群
$$\mathbf{Z}_n\times\mathbf{Z}_n=\{\alpha L_{10}+\beta L_{01}\mid \alpha,\beta\in\mathbf{Z}_n\}$$

(iv) 对每个 $x\in X_0(n)$ 点组
$$\alpha_x=E_x\cap L_{10},\beta_x=E_x\cap L_{01}$$
在 E_x 上定义了一个水平 n 结构. 三元组 (E_x,α_x,β_x) 是由 $x\in X_0(n)=H/\Gamma(n)$ 决定的有水平 n 结构的曲线.

特别地, $S(n)$ 在开集 $X_0(n)$ 上定义了一个有水平 n 结构的通用椭圆曲线.

定义 5.2 $S(n)$ 称为 n 阶 Shioda 参量曲面.

注记 5.2 通过"遗忘"水平 n 结构而得到一个映射
$$X(n) \to X(1) = P_1$$
这映射由下列群的作用所诱导
$$SL(2, \mathbf{Z})/\pm \Gamma(n) = PSL(2, \mathbf{Z}_n)$$

作为这节的结束,我们还要讲一下椭圆曲线的射影嵌入. 为此设 E 为有原点 0 的椭圆曲线. 当 $n \geqslant 3$ 时,线丛 $\mathscr{L} = \mathscr{O}_E(n0)$ 是很丰富的. 即存在 $\mathscr{L}$ 的截面向量空间的一组基 $s_1, \cdots, s_n \in H^0(E, \mathscr{L})$,使映射
$$\varphi: E \to P_{n-1}$$
$$x \mapsto (s_1(x): \cdots : s_n(x))$$
为一嵌入. E 在 φ 下的象是所谓的 n 次椭圆正规曲线. 当 $n = 3$ 时,用这方式得到将 E 作为平面三次曲线的通常表示. 每一椭圆正规曲线有一系列的对称,它们与 n 分点群 $E^{(n)}$ 密切相关. 若 $x \in E$ 为任一点,用 $T_x: E \to E$ 表示 x 决定的位移. 线丛 $\mathscr{L}$ 在群 $E^{(n)}$ 的位移下不变,即
$$T_x^* \mathscr{L} = \mathscr{L}$$
对所有 $x \in E^{(n)}$ 成立.

在向量空间 $V = \mathbf{C}^n$ 上定义下列变换
$$\sigma: e_i \mapsto e_{i-1}$$
$$\tau: e_i \mapsto \rho^i e_i \, (\rho = e^{\frac{2\pi i}{n}})$$
其中 $\{e_i\}$ 是 V 的标准基. σ 与 τ 所生成的群
$$H_n = <\sigma, \tau> \subset GL(n, \mathbf{C})$$
称为 n 阶海森堡(Heisenberg, 1901—1976)群. 群 H_n 的阶是 n^3, 它是个中心扩充
$$1 \to \mu_n \to H_n \to \mathbf{Z}_n \times \mathbf{Z}_n \to 1$$
$$e \to e \cdot 1 = [\sigma, \tau]$$
$$\sigma \mapsto (1, 0), \tau \mapsto (0, 1)$$
此处
$$\mathbf{Z}_n \times \mathbf{Z}_n = H_n/\text{中心} = \text{Im}(H_n \to PGL(n, \mathbf{C}))$$

由包含关系定义的 H_n 的表示称为 H_n 是薛定谔(Schrödinger, 1887—1961)表示.

群 $E^{(n)}$ 在 E 上的作用提升为海森堡群 H_n 在 $\mathscr{L}$ 上的作用. 这定义了一个从 H_n 到 $H^0(E, \mathscr{L})$ 的表示, 它与薛定谔表示对偶. 它的意义如下: 适当选取基 s_1, $\cdots$, s_n 定义 E 的嵌入映射 φ, 使成为 $P_{n-1}(V)$ 中的 H_n 不变的椭圆正规曲线. 海森堡群作为 n 分点群 $E^{(n)}$ 在 E 上作用.

定理 5.2 存在 $P_{n-1}(V)$ 中 H_n 不变的椭圆正规曲线与有水平 n 结构的椭

圆曲线的同构类之间的一一对应.

5.4 阿贝尔簇

设 $\omega_1,\cdots,\omega_{2g}$ 为 $\mathbf{C}^g$ 的一组 $\mathbf{R}$-基,令
$$\Omega = \mathbf{Z}\omega_1 + \cdots + \mathbf{Z}\omega_{2g}$$
为相应的网格.于是,如同在椭圆曲线($g=1$)的情况,商空间
$$x = \mathbf{C}^g/\Omega$$
为一环面,它自然地承载着一个紧复流形的结构.与一维的情况大不相同,无法保证 x 是射影代数的.即存在到射影空间 P_n 的嵌入.

定义 5.3 若一复环面 x 同时也是射影代数的,则称它为阿贝尔簇.

为了给出复环面 x 何时为阿贝尔簇的判定准则,我们考虑非退化错双线型
$$A:\Omega\times\Omega\to\mathbf{Z}$$

定义 5.4 双线性型 A 称为:黎曼形式,如果 A 的 $\mathbf{R}$-线性扩充满足:

(i) $A(\mathrm{i}x,\mathrm{i}y) = A(x,y)$ $(x,y\in\mathbf{C}^g)$.

(ii) $A(\mathrm{i}x,y) > 0$ $(x\neq 0)$.

定理 5.3 x 是阿贝尔簇的充要条件是 x 上有黎曼形式.

适当选取 Ω 的基可使黎曼形式化为标准形

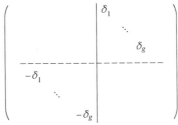

其中 δ_i 是自然数而 $\delta_i|\delta_{i+1}$, $1\leqslant i\leqslant g$.我们也称 A 定义了 $\delta=(\delta_1,\cdots,\delta_g)$ 型的极化.若所有 $\delta_i=1$,则称为主极化.

极化 A 定义了 x 上的一个线丛,它在差一位移的情况下唯一地确定.于是对于适当的网格把 x 写作商空间 $x=\mathbf{C}^g/\Omega$.等同
$$\Omega = H_1(x,\mathbf{Z})$$
则可将 A 看为
$$\mathrm{Hom}(\Lambda^2 H_1(x,\mathbf{Z}),\mathbf{Z}) = H^2(x,\mathbf{Z})$$
中的元素.定义 5.4 中的条件(i)意味着
$$A\in H^2(x,\mathbf{Z})\cap H^{1,1}(x,\mathbf{Z}) = NS(x)$$
这里 $NS(x)$ 是 x 的 Neron-Severi 群,即 x 上所有的线丛的代数等价(位移)类

群. 也常用 $\mathscr{L}$ 表示极化.

像椭圆曲线一样, 也可提出阿贝尔簇的参量问题. 设固定上述 $\delta=(\delta_1,\cdots,\delta_g)$. 考虑 g 阶西格尔(Siegel, 1896—1981)上半面, 它的定义如下

$$S_g=\{\tau\in M(g\times g,\mathbf{C})\mid \tau={}^t\tau, \operatorname{Im}\tau>0\}$$

当 $g=1$, 它就是普通的上半面. 设

$$J=\begin{bmatrix} 0 & 1_g \\ -1_g & 0 \end{bmatrix}$$

为标准辛形式, 而

$$S_p(2g,\mathbf{Q})=\{M\in GL(2g,\mathbf{Q})\mid MJ^{\mathrm{T}}M=J\}$$

为有理系数的辛群. $S_p(2g,\mathbf{Q})$ 作用在 $\mathbf{Q}^{2g}$ 的右边 $S_p(2g,\mathbf{Q})$ 以下式作用在 S_g 上

$$t\mapsto (A\tau+B)(C\tau+D)^{-1},\begin{pmatrix} A & B \\ C & D \end{pmatrix}\in S_p(2g,\mathbf{Q})$$

其中, $A,\cdots,D$ 均为 $g\times g$ 矩阵. 这是 $SL(2,\mathbf{Z})$ 在 H 上作用的一个自然推广. 最后设

$$L(\delta)=\mathbf{Z}^g\times \delta_1\mathbf{Z}\times\cdots\times\delta_g\mathbf{Z}\in\mathbf{Z}^{2g}$$

及

$$\Gamma_0(\delta)=\{M\in S_p(2g,\mathbf{Q})\mid M(L_\delta)=L_\delta\}$$

定理 5.4　存在一一对应

$$\mathscr{A}_0(\delta):S_g/\Gamma_0(\delta)\tilde{\to}\{(X,\mathscr{L})\mid X \text{ 为阿贝尔簇}, \mathscr{L} \text{ 为 } \delta \text{ 型极化}\}/\text{同构}$$

$\mathscr{A}_0(\delta)$ 是有 δ 型极化的阿贝尔簇的参量空间.

类似于椭圆曲线的情况, 也可引进水平结构的概念. 为此, 我们定义

$$L^v(\delta)=\frac{1}{\delta_1}\mathbf{Z}\times\cdots\times\frac{1}{\delta_g}\mathbf{Z}\times\mathbf{Z}^g\subset\mathbf{Q}^{2g}$$

注意

$$L^v(\delta)=\{x\in\mathbf{Q}^{2g}\mid J(x,y)\in\mathbf{Z}, \text{对所有 } y\in L(\delta)\}$$

形式 J 在 $L^v\vee(\delta)/L(\delta)$ 上定义了一个辛形式, 以乘法的方式表达如下

$$(\bar{x},\bar{y})=\mathrm{e}^{2\pi iJ(x,y)}$$

现设 X 为给定极化及相应丛的阿贝尔簇. 于是定义了一个映射

$$\lambda:X\to\hat{x}=PiC^0X$$

$$x\mapsto\mathscr{L}_x=T_x^*\mathscr{L}\otimes\mathscr{L}^{-1}$$

其中 T_x 仍表 x 决定的位移. 核

$$\ker\lambda=\{x\in X\mid T_x^*\mathscr{L}=\mathscr{L}\}$$

表示 x 的挠率点. 类似椭圆曲线的 n 挠率点, $\ker\lambda$ 也有一个内蕴的辛形式.

我们最后考虑

$$\Gamma(\delta)=\{M\in\Gamma_0(\delta)\mid (M-1)L^v(\delta)\subset L(\delta)\}$$

它们是保持网格不变而在 $L^v(\delta)/L(\delta)$ 上诱导出恒同映射的矩阵.

定理 5.5 存在一一对应
$$\mathscr{A}(\delta):S_g/\Gamma(\delta)\widetilde{\to}\left\{\begin{array}{l}(x,\mathscr{L},\alpha)\mid v(x,\mathscr{L})\text{是有}\delta\text{型极化的阿贝尔簇},\\ \alpha:\ker\lambda\to L^v(\delta)/L(\delta)\text{为一辛同构}\end{array}\right\}/\text{同构}$$

换言之, $\mathscr{A}(\delta)$ 是有 $(\delta_1,\cdots,\delta_g)$ 型极化与水平结构的参量空间.

注记 5.3 在 $g=1$ 的情况, δ_1 正好等于极化的相属线丛的次数 $n.\alpha$ 就是在第 2 节意义上的水平 n 结构.

注记 5.4 "遗忘"水平结构给出一映射
$$\mathscr{A}(\delta)\to\mathscr{A}_0(\delta)$$
它由群 $\Gamma_0(\delta)/\Gamma(\delta)$ 的作用给出.

5.5 阿贝尔簇的射影嵌入

还是考虑 g 维的阿贝尔簇. 设给定 X 上 $\delta=(\delta_1,\cdots,\delta_g)$ 型的极化 A. 如已经说明过的, A 在位移下唯一地确定一线丛 $\mathscr{L}$. 一般性的理论导致:

定理 5.6 当 $n\geqslant 3$, 线丛 $\mathscr{L}^{\otimes n}$ 为很丰富, 即存在 $\mathscr{L}^{\otimes n}$ 截面向量空间的基 $s_0,\cdots,s_N\in H^0(X,\mathscr{L}^{\otimes n})$ 使映射
$$\varphi_{\mathscr{L}^{\otimes n}}:X\to P_N$$
$$x\mapsto(s_0(x):\cdots:s_N(x))$$
为一嵌入.

从阿贝尔簇的黎曼-罗赫(Riemann-Roch)定理得
$$h^0(\mathscr{L}^{\otimes n})=\dim_{\mathbf{C}}H^0(X,\mathscr{L}^{\otimes n})=n^g\delta_1,\cdots,\delta_g$$

上述构造导致, 相对于 X 的维数, 相当于高维射影空间的嵌入. 在许多情况下, 我们感兴趣的是把 X 嵌入维数尽可能小的射影空间. 于是可用较小数目的多项式方程来描述 X. 用代数几何中的标准方法不难给出每个 g 维簇到 P_{2g+1} 的嵌入. 对于阿贝尔簇, 可用简单方式证明不存在到 P_{2g-1} 的嵌入. 但我们仍然可以考虑边界情况, 即将阿贝尔簇嵌入到两倍维数的射影空间.

定理 5.7 若 g 维阿贝尔簇有个到 P_{2g} 的嵌入, 则一定是下列两种情况之一:

(i) $g=1$, x 是 P_2 中的三次曲线.

(ii) $g=2$, x 是 P_4 中的十次阿贝尔曲面.

注记 5.5 (i) 每一椭圆曲线可作为三次曲线而嵌入 P_{2n}. 这由定理 5.6, 取 $\mathscr{L}=\mathcal{O}_E(n0)$ 及 $n=3$. 也能直接地得到, 对相应的网格 Ω 有 $E=\mathbf{C}/\Omega$, 考虑魏尔斯特拉斯 $\wp$ 函数映射

$$\varphi: E \to P_2$$
$$x \mapsto (\mathscr{P}(x): \mathscr{P}'(x): 1)$$

是个嵌入. 函数 $\mathscr{P}$ 满足微分方程
$$(\mathscr{P}')^2 = 4\mathscr{P}^3 - g_2\mathscr{P} - g_3$$

其中, g_2, g_3 是与网格无关的复常数. E 通过 φ 与平面三次曲线
$$y^2 = 4x^3 - g_2 x - g_3$$
同构.

(ii) 不是每个阿贝尔曲面都能嵌入到 P_4, 一个必要条件是 X 有 $(1,5)$ 型的极化. 但也不是每个阿贝尔曲面上 $(1,5)$ 型的极化都定义到 P_4 的嵌入.

上定理指出, 同平面三次曲线一齐, P_4 中的阿贝尔曲面起着特殊的作用. 但事先无从知道那样的曲面是否真正存在. 关于它存在的证明, 导致今日的许多研究方向:

(1) 1972 年 Horrocks 与 Mumford 构造了著名的 Horrocks-Mumford 丛, 它是个 P_4 上秩 2 不可分向量丛 F. 设 $0 \neq s \in H^0(P_4, F)$ 是个一般截面, 他们证明零点集 $X_s = \{s=0\}$ 是个十次阿贝尔曲面. 我们将在 5.6 节再讲它.

(2) 如只对阿贝尔曲面感兴趣, 则可越过向量丛的理论. 特别地, 可试图回答下列问题: 设给定阿贝尔簇 X 及它上面一个来自 $(1,5)$ 型极化的线丛 $\mathscr{L}$. 在什么情况下 $\mathscr{L}$ 是很丰富, 它是否定义了从 X 到 P_4 的嵌入? 这问题在 1984 年被 S. Ramanan 解决. 他的结果可描述如下: 设 X 与 $\mathscr{L}$ 如上, 则有循环商
$$\pi: X \to X/\mathbf{Z}_5 = Y$$

其中 Y 是个有主极化 $\mathscr{U}$ 的阿贝尔簇而 $\mathscr{L} = \pi^* \mathscr{U}$. Y 有两种可能性:

(a) Y 是一个亏格为 2 的曲线的雅可比簇而 $\mathscr{U} = \mathscr{O}_Y(C)$.

(b) $Y = E_1 \times E_2$ 分解成椭圆曲线的乘积而
$$\mathscr{U} = \mathscr{O}_Y(C)$$
$$C = E_1 \times \{0\} \cup \{0\} \times E_2$$

下面只考虑情况 (a), 于是 $D = \pi^{-1}(C)$ 是条亏格 6 的光滑曲线而 $\mathscr{L} = \mathscr{O}_X(D)$.

定理 5.8 (Ramanan) 线丛 $\mathscr{L}$ 为很丰富, 除了 D 有椭圆对合的情况, 它与伽罗瓦作用相适, 即有交换图

$$\begin{array}{ccc} D & \xrightarrow{2:1} & E \\ \pi \downarrow & & \downarrow 5:1 \\ C & \xrightarrow{2:1} & E' \end{array}$$

其中 E 与 E' 是椭圆曲线.

一般亏格为 2 的曲线没有椭圆对合, 这就给出了 P_4 中阿贝尔曲面存在性的证明. 类似的结果对情况 (b), 即 Y 可分时, 也成立.

(3) 最早构造 P_4 中阿贝尔曲面的是意大利数学家 A. Comessatti. 他的文章多年来被忽视. H. Lange 首先重新采用了其中的想法. Comessatti 的结果被扩充并用近代语言证明了. 为了说明 Comessatti 与 Lange 的结果,考虑数域 $\mathbf{Q}(\sqrt{5})$ 和它的整数环

$$\mathscr{D} = \mathbf{Z} + \mathbf{Z}\omega, \omega = \frac{1}{2}(1+\sqrt{5})$$

更设: $\mathscr{D} \to \mathscr{D}$ 为共轭运算,它由 $\sqrt{5} \to -\sqrt{5}$ 所给出,对 $(z_1, z_2) \in H^2$,定义

$$\Omega = \Omega_{(z_1, z_2)} = \mathscr{D}\begin{pmatrix}1\\1\end{pmatrix} + \mathscr{D}\begin{pmatrix}z_1\\z_2\end{pmatrix}$$

这里 $\alpha \in \mathscr{D}$ 的乘法定义是

$$\alpha\begin{pmatrix}\omega_1\\\omega_2\end{pmatrix} = \begin{pmatrix}\alpha\omega_1\\\alpha'\omega_2\end{pmatrix}$$

容易证明 Ω 是 $\mathbf{C}^2$ 中的一个网格. 令

$$X = X_{(z_1, z_2)} = \mathbf{C}^2 / \Omega_{(z_1, z_2)}$$

X 是个阿贝尔簇,它自然地有个 $(1,5)$ 型极化. 为此,考虑 $A: \mathbf{C}^2 \times \mathbf{C}^2 \to \mathbf{C}$

$$A((x_1, x_2), (y_1, y_2)) = \mathrm{Im}\left(\frac{x_1\overline{y_1}}{\mathrm{Im}\, z_1} + \frac{x_2\overline{y_2}}{\mathrm{Im}\, z_2}\right)$$

立刻可算出 A 在网格 Ω 上取整值并定义了一个 $(1,5)$ 型的极化.

设 $\mathscr{L}$ 为相属的线丛.

定理 5.9 (Comessatti-Lange) 若 $z_1 \neq z_2$, 则 $\mathscr{L}$ 是很丰富的,它定义了一个嵌入 $X_{(z_1, z_2)} \subset P_4$.

注记 5.6 (i) 若 $z_1 = z_2$ 上命题不成立,于是 $X_{(z_1, z_2)}$ 自然地分解为乘积 $\times E$. 线丛 $\mathscr{L}$ 仍然定义了一个映射 $X \to P_4$,但却不是单射,它给出了到 P_4 中直纹五次曲面上的二重覆盖.

(ii) Lange 取形如 $\mathscr{L} = \mathscr{L}_0 \otimes \omega^* \mathscr{L}_0$ 的极化 $\mathscr{L}$,其中 $\mathscr{L}_0$ 是 X 上的主极化而 ω 是由 $\omega \in \mathscr{D}$ 的乘积确定的自同构. 这样他便可用较简单的几何方式去证明. 原来 Comessatti 的证明依赖西塔函数的复杂计算.

Comessatti 和 Lange 所考虑的阿贝尔曲面都有一个很特殊的性质. $\mathscr{D}$ 的乘法网格 Ω 映到自身,因此有包含关系

$$j: \mathscr{D} \to \mathrm{End}(X)$$

我们称 X 为具有 $\mathscr{D}$ 或 $\mathbf{Q}(\sqrt{5})$ 中实乘法的阿贝尔曲面. 有数域 $\mathbf{Q}(I)$ 中实乘法的曲面有所谓的希尔伯特参量曲面作为它的参量空间. 我们不可能在本书中细讲希尔伯特参量曲面,只能介绍涉及出现的特殊情况.

考虑群

$$SL(2, \mathscr{D}) = \left\{\begin{pmatrix}\alpha & \beta\\ \gamma & \delta\end{pmatrix} \mid \alpha, \beta, \gamma, \delta \in \mathscr{D}, \alpha\delta - \beta\gamma = 1\right\}$$

则希尔伯特参量群 $\Gamma = SL(2,\mathcal{D})/\{\pm 1\}$ 在 H^2 上的作用是

$$(z_1, z_2) \mapsto \left(\frac{\alpha z_1 + \beta}{\gamma z_1 + \delta}, \frac{\alpha' z_2 + \beta'}{\gamma' z_2 + \delta'}\right)$$

商空间

$$Y(5) = H^2/\Gamma$$

是 $\mathbf{Q}(\sqrt{5})$ 的希尔伯特参量曲面. 它可解释为有 $\mathbf{Q}(\sqrt{5})$ 实乘法的阿贝尔曲面的参量空间.

我们进一步考虑对合

$$\sigma: H^2 \to H^2; (z_1, z_2) \to (z_2, z_1)$$

曲面

$$Y_\sigma(5) = H^2/\Gamma \cup \Gamma_\sigma$$

便是 $\mathbf{Q}(5)$ 的对称希尔伯特参量曲面. 通过 σ 把阿贝尔曲面等同, 它们的实乘法由共轭区分.

类似以前考虑过的椭圆曲线的情况, 最后可以考虑 $SL(2,\mathcal{D})$ 的同余子群, 我们局限于下列情况

$$\Gamma(\sqrt{5}) = \{\gamma \in SL(2,\mathcal{D}) | \gamma \equiv 1 \bmod (\sqrt{5})\}$$

于是称

$$Y(5,\sqrt{5}) = H^2/\Gamma(\sqrt{5})$$

为属于 $\mathbf{Q}(\sqrt{5})$ 与理想 $(\sqrt{5})$ 的希尔伯特参量曲面. 有一个自然的映射

$$Y(5,\sqrt{5}) \to Y(\sqrt{5})$$

它是通过群作用

$$SL(2,\mathcal{D}) \pm \Gamma(\sqrt{5}) = PSL(2, \mathbf{Z}_5) = A_5$$

给出的. 最后 $\mathbf{Q}(\sqrt{5})$ 与最理想 $(\sqrt{5})$ 的对称希尔伯特参量曲面为

$$Y_\sigma(5,\sqrt{5}) = H^2/\Gamma(\sqrt{5}) \cup \Gamma(\sqrt{5})\sigma$$

这曲面也有一个 A_5 的作用. 希尔泽布鲁赫(Hirzebruch,1927—2012)证明

$$Y_\sigma(5,\sqrt{5}) = P_2 - \{P_1, \cdots, P_6\}$$

这里群 A_5 在 P_2 上线性地作用, 而 $P_1, \cdots, P_6$ 是这作用的极小轨道.

5.6 Horrocks-Mumford 丛

在 1972 年 Horrocks 与 Mumford 在四维复射影空间 P_4 上构造了一个秩 2 不可分向量丛 F. 今天它被称为 Horrocks-Mumford 丛(简称 HM 丛). 它基本上是仅知的 P_4 上秩 2 不可分丛. 所有其他已知的例子都是通过对偶. 用线丛

扭曲及有限支覆盖的提升等简单运算而从 F 获得. F 上有丰富而有趣的几何性质,并且与许多其他数学课题密切相关.

Horrocks 与 Mumford 原来的构造是上同调的. 为此考虑向量空间 $V=\mathbf{C}^5$ 及相应的射影空间 $P_4=P(V)$.

Horrocks 与 Mumford 构造一个复形

$$\Lambda^2 V \otimes \mathcal{O}_P(2) \xrightarrow{p} \Lambda^2 T_{P_4} \xrightarrow{q} \Lambda^2 V \otimes \mathcal{O}_{P_4}(3)$$

上面 $\mathcal{O}_{P_4}(-1)$ 是霍普夫(Hopf)丛,它的对偶丛 $\mathcal{O}_{P_4}(1)$ 是超平面线丛,而

$$\mathcal{O}_{P_4}(k)=\begin{cases}\mathcal{O}_{P_4}(1)^{\otimes k}, & \text{当 } k>0\\ \mathcal{O}_{P_4}, & \text{当 } k=0\\ \mathcal{O}_{P_4}(-1)^{\otimes k}, & \text{当 } k<0\end{cases}$$

T_{P_4} 表 P_4 的切丛. 映射 p 是向量丛的单射面 q 是满射. 还有

$$q\circ p=0$$

丛 F 是这复形的上同调

$$F=\ker q/\operatorname{im} p$$

从这构造我们不难算出 F 的拓扑变量:即陈类

$$c_1(F)=5, c_2(F)=10$$

因为多项式 $1+5h+10h^2$ 在 $\mathbf{Z}$ 上不可约,从而 F 不可分.

HM 丛的一个突出的性质是它的对称群. 为此,我们考虑海森堡群 $H_5\subset SL(5,\mathbf{C})$,它在 5.3 节已经被引进了. 设 N_5 是 H_5 在 $SL(5,\mathbf{C})$ 中的正规子群. 于是有

$$N_5/H_5\cong SL(2,\mathbf{Z}_5)$$

而 N_5 是个半直积

$$N_5=H_5\times SL(2,\mathbf{Z}_5)$$

N_5 的阶是 15 000,且 N_5 作为对称群而作用在 F 上. 正如以前讨论过的,H_5 与椭圆曲线(及阿贝尔曲面)的对称性密切相关. $SL(2,\mathbf{Z}_5)$ 是双正二十面体群.

5.6.1 HM 丛与阿贝尔曲面

对向量丛 F 的截面空间有

$$\dim_C H^0(P_4,F)=4$$

丛 $F(-1)=F\otimes OP_4(-1)$ 没有截面,对每个截面 $0\neq S\in H^0(X,F)$,零点集

$$X_s=\{s=0\}$$

是个 $c_2(F)=10$(次)的曲面. 对一般的截面 s,可证明 S_s 是光滑的. 从曲面的分类不难导出 X_s 是个阿贝尔曲面. 精确地说

定理 5.10(Horrocks-Mumford) 对应 $s\mapsto X_s$ 定义了一个同构

$$\left\{\begin{array}{l} 0 \neq s \in H^0(P_4, F) \\ X_s \text{ 光滑} \end{array}\right\} \Big/ \mathbf{C}^* \xrightarrow{\sim} \left\{\begin{array}{l} (X, \mathscr{L}, \alpha), X \text{ 阿贝尔曲面} \\ \mathscr{L} \text{ 为很丰富} (1,5) \text{型极化} \\ \alpha \text{ 为水平结构} \end{array}\right\} \Big/ \text{同构} =: \mathscr{A}^*(1,5)$$

注记 5.7 (i) 上定理说某类阿贝尔曲面表现为 HM 丛的截面曲面. 更进一步: 设 $X \subset P_4$ 为一个阿贝尔曲面(在坐标变换下)总存在一截面 $s \in H^0(P_4, F)$ 使 $X = X_s$.

(ii) 反过来, 对阿贝尔曲面 $X \subset P_4$, 可用塞尔构造在 P_4 上一向量丛. 在差可能的坐标选择下, 它必须是 HM 丛 F.

(iii) 定理 5.10 意味着, 三维射影空间 $P\Gamma := (H^0(P_4, F))$ 中的一个开集, U 可解释为阿贝尔簇的参量空间. 有趣的是对称群 N_5 在这关系上所起的作用在 $H^0(P_4, F)$ 上. 而且 N_5 诱导出正二十面体群在 $P\Gamma$ 上, 因而也在 U 上(线性地)作用. 另外, 有一开的包含关系

$$\mathscr{A}^*(1,5) \subset \mathscr{A}(1,5) = \left\{\begin{array}{l} (X, \mathscr{L}, a), X \text{ 阿贝尔曲面} \\ \mathscr{L} \text{ 为} (1,5) \text{型极化} \\ a \text{ 是水平结构} \end{array}\right\} \Big/ \text{同构}$$

遗忘水平结构而得一映射

$$\mathscr{A}(1,5) \to \mathscr{A}_0(1,5)$$

它是通过群 $\Gamma_0(1,5)/\Gamma(1,5) = A_5$ 的作用诱导的. Horrocks 与 Mumford 证明这在 $\mathscr{A}^*(1,5)$ 上的作用与群 N_5 诱导的作用一致.

在前面已经谈到 Comessatti 与 Lange 发现的 P_4 中的阿贝尔曲面所起的特殊作用. 也可提下列问题: 何种截面 $s \in P\Gamma$ 相属的阿贝尔曲面 X_s 有 $\mathbf{Q}(\sqrt{5})$ 中的实乘法而通过 Comessatti-Lange 的构造而嵌入. 在这种情况, 我们称 X_s 为 Comessatti 曲面. 由定理 5.10, 这曲面自然地承载着一个水平结构. 为了回答上述问题, 要进一步地借助 A_5 在 $P\Gamma$ 上的作用. 不难看出 $P\Gamma$ 中正好有一个 A_5 不变的三次曲面. X 就是所谓克利布施(Clebsch, 1833—1872)对角面. 为抽象曲面 X 由下式给出

$$X = \left\{\sum_{i=0}^{4} x_i = \sum_{i=0}^{4} x_i^3 = 0\right\} \subset P_4$$

另一描述如下: 考虑 A_5 在 P_2 上(基本上唯一的)作用. 这作用正好有极小轨道 $P_1, \cdots, P_6$, 那么

$$X = \widetilde{P_2}(P_1, \cdots, P_6)$$

即 X 是 P_2 在 $P_1, \cdots, P_6$ 点的开放(blow-up). 开放意味着去掉 $P_1, \cdots, P_6$ 而都补上射影直线.

在所有的三次曲面中, 克利布施对角面有很特殊的性质, 如 X 上 27 条直线都是实的. 最后用 $Y_\delta(5, \sqrt{5})$ 表 $\mathbf{Q}(\sqrt{5})$ 与理想 $(\sqrt{5})$ 的对称希尔伯特参量曲面

的紧化. 它是通过 P_2 在 $P_1,\cdots,P_6$ 开放所得. 于是作为抽象曲面 X 与 $\overline{Y_\sigma(5,\sqrt{5})}$ 同构. 容易理解但绝非明显的.

定理 5.11(Hulek-Lange) Comessatti 曲面族可用克利布施对角面 $X\subset P\Gamma$ 参数化. 特别地,对应 $s\to X_s$ 导致一个同构 $\overline{X}\cong\overline{Y_\sigma(5,\sqrt{5})}$.

A_5 轨道的点与那些能通过水平结构区分的 Comessatti 曲面符合.

5.6.2 HM 丛与椭圆曲线

必须讲课题的两个方面:

(1) Horrocks-Mumford(简称 HM)曲面的退化

我们知道,对一般的截面 $s\in P\Gamma$,零点集 X_s 是一个阿贝尔曲面,它没有奇点,然而存在一族截面 s,它们的 X_s 是奇异的. 我们可将这类曲面理解为阿贝尔曲面的退化. 于是有这类奇异 HM 曲面分类的问题.

为此,首先回忆具有水平 5 结构的椭圆曲线与 P_4 中 H_5 不变的五次曲线一一对应(定理 5.2). 设 $E\subset P_4$ 是这样的一条椭圆曲线. 再设 $P_0\in E$ 不是一个二分点,即 $2P_0\neq 0$. 将每个 $P\in E$ 和它的位移 $P+P_0$ 连接. 而得一族直线 $L(P,P+P_0)$,它们一齐构成了一个直纹面

$$X=\bigcup_{P\in E}L(P,P+P_0)$$

X 是个十次曲面,它沿 E 奇异. 我们称 X 为一位移直纹面. 曲面 X 还有更进一步的退化:

(i) 若 P_0 为零点 $\mathcal{O}\in E$, X 变为 E 的切曲面. 它沿 E 有一族尖点.

(ii) 取 P_0 是不为 0 的二分点,则直线 $L(P-P_0,P)$ 与 $L(P,P+P_0)$ 总是相重. 此时 X 是一个五次光滑椭圆直纹面. X 不能是一个截面 $s\in P\Gamma$ 的(理想论的)零点集. 然而却存在截面 s,它在 X 上双重地消失. 在这种情况,X 自然地承载着一个双重结构.

现在还有椭圆曲线 E 自身退化的情况. 在极限情况 E 分解成有五条直线的 H_5-不变的五边形. 这情况正好出现 12 次. 它们与 Shioda 参量曲面 $S(5)$ 的奇异纤维相符. 于是我们有下列退化情况:

(iii) 5 个光滑二次曲面的并.

二次曲面还能退化为(二重)平面,而我们有 5 个(有双重结构的)平面.

定理 5.12(Barth-Hulek-Moore) 每个 HM 丛的截面必为下列类型之一:

(i) 阿贝尔曲面.

(ii) 位移直纹面.

(iii) 椭圆五次曲面的切曲面.

(iv) (有双重结构的)五次椭圆直纹面.

(v) 5个光滑二次曲面的并.
(vi) 5个(有双重结构的)平面的并.
以上包括了所有的情况.

(2) 跳跃现象

HM丛在代数向量丛的参量理论的意义下是稳定的. 这等价于
$$H^0(P_4, \text{End } F) \cong \mathbf{C}$$
即为 F 的单个自同态产生的相似变换(homothetien). 在稳定丛有所谓跳跃现象的研究,在此不讲跳跃直线的情况.

定义 5.5 若 $F|E$ 不稳定,则称 $E \subset P_4$ 和 F 的跳跃平面.

对 F 及射影空间 $P_n(n \geq 3)$ 上所有其他稳定向量丛,我们可考虑跳跃平面族. 它的定义是
$$S(F) := \{E | E \text{ 是 } F \text{ 的跳跃平面}\}$$
Grassmann 流形 $Gr(2,4)$ 把 P_4 中所有的平面参数化,不难看出,$S(F)$ 是 $Gr(2,4)$ 的子族.

定理 5.13(Barth-Hulek-Moore) F 的跳跃平面构成的簇 $S(F)$ 同构于 5 阶的 Shioda 参量曲面,即
$$S(F) \cong S(5)$$
这结果也与下列 Decker 和 Schreyer 的唯一性定理密切相关.

定理 5.14(Decker-Schreyer) 若 F' 是 P_4 上秩 2 的稳定向量丛,且 $c_i(F') = c_i(F), i = 1, 2$,则有坐标变换 $\varphi \in PGL(5, \mathbf{C})$ 使 $F' = \varphi * F$.

这定理的证明是通过对这类丛验证 $S(F') \cong S(5)$ 建立的. 它隐含着下列命题.

推论 5.1(Decker-Sckreyer) P_4 上具有陈类 $c_1 = 5, c_2 = 10$ 的在参量空间 $M_{P_4}(5, 10)$ 是个齐性空间
$$M_{P_4}(5, 10) = PGL(5, \mathbf{C})/(\mathbf{Z}_5 \times \mathbf{Z}_5) \times SL(2\mathbf{Z}_5)$$

最后,还要提一下:

推论 5.2(Decker) 不存在 P_5 上具有陈类 $c_1 = 5, c_2 = 10$ 的秩 2 稳定向量丛. 特别地,HM丛不能扩充到 P_5.

P_5 上正好有三个不同的具有 $c_1 = 5, c_2 = 10$ 的拓扑 $\mathbf{C}^2$ 丛. 上述结果意味着这些拓扑丛上没有稳定代数向量丛的结构. 猜想这些拓扑丛上完全没有代数结构.

数域上的椭圆曲线

假设 E 是定义在数域 K 上的椭圆曲线. 由著名的莫德尔－韦伊定理,我们知道

$$E(K) \cong \mathbf{Z}^{r_E} \oplus E_{\text{tors}}(K)$$

故由莫德尔－韦伊群的这一结构特点可知,决定椭圆曲线的莫德尔－韦伊群的结构问题即转化为决定扭子群的结构和秩这两个问题. 接下来我们分别就这两大问题及相关问题作详细阐述.

6.1 扭群结构

关于椭圆曲线的扭子群的结构问题相对简单,特别地,当椭圆曲线定义在有理数域上的时候,我们有如下定理:

定理 6.1(Nagell-Lutz) 设 $E: y^2 = x^3 + ax + b$ 为 $\mathbf{Q}$ 上的椭圆曲线,$a,b \in \mathbf{Z}$ 均为有理整数. 对于任意的点 $(x,y) \in E_{\text{tors}}(\mathbf{Q})$ 且 $(x,y) \neq O$,则有:

(1) $x, y \in \mathbf{Z}$.

(2) 要么 $y=0$,要么 y^2 整除 $4a^3 + 27b^2$.

例 6.1 设 $E: y^2 = x^3 - x$ 为 $\mathbf{Q}$ 上椭圆曲线,则由定理 6.1,我们知道对于任意的非平凡的扭点 $(x,y) \in E_{\text{tors}}(\mathbf{Q})$,必有 $y \in \{0, \pm 1, \pm 2\}$. 经简单验证可得 $E_{\text{tors}}(\mathbf{Q}) = \{(0,0), (1,0), (-1,0)\}$.

1977年,马祖尔曾证明了:有理数域上椭圆曲线的扭群只有15种类型,并且每一种都对应无数条椭圆曲线.即:

定理6.2(马祖尔) 有理数域上椭圆曲线的扭群只能是如下15种类型之一:

(a)$\mathbf{Z}/n\mathbf{Z}, 1\leqslant n \leqslant 10$ 或 $n=12$.

(b)$(\mathbf{Z}/2\mathbf{Z})\times(\mathbf{Z}/m\mathbf{Z})=2,4,6,8$.

且每种类型都有无数多条椭圆曲线使其扭群与之同构.

例6.2 设 $E_n: y^2=x^3-nx$ 为 $\mathbf{Q}$ 上的椭圆曲线,$n\in\mathbf{Z}$ 为四次平方自由的有理整数.则有

$$E_{n,\text{tors}}(\mathbf{Q})\cong\begin{cases}\mathbf{Z}/4\mathbf{Z} & \text{如果 } n=-4\\ \mathbf{Z}/2\mathbf{Z}\times\mathbf{Z}/2\mathbf{Z} & \text{如果 } n \text{ 是完全平方项}\\ \mathbf{Z}/2\mathbf{Z} & \text{其他}\end{cases} \quad (1)$$

于1986年至1992年间,Kamienny考虑了一致界猜想在二次数域上的情形,综合Kenku与Momose在1988年所得的结果,便得如下定理:

定理6.3(Kamienny-Kenku-Momose) 二次数域 K 上椭圆曲线 E 的扭子群 $E_{\text{tors}}(K)$ 必同构于如下26个群之一:

(a)$\mathbf{Z}/m\mathbf{Z}, 1\leqslant m \leqslant 18, m\neq 17$.

(b)$\mathbf{Z}/2\mathbf{Z}\times\mathbf{Z}/2m\mathbf{Z}, 1\leqslant m \leqslant 6$.

(c)$\mathbf{Z}/3\mathbf{Z}\times\mathbf{Z}/3m\mathbf{Z}, m=1,2$.

(d)$\mathbf{Z}/4\mathbf{Z}\times\mathbf{Z}/4\mathbf{Z}$.

注记6.1 (1)若 $E_{\text{tors}}(K)\cong\mathbf{Z}/4\mathbf{Z}\times\mathbf{Z}/4\mathbf{Z}$,则必有 $K=\mathbf{Q}(\sqrt{-1})$.进一步地,存在无数多条椭圆曲线 E 使得 $E_{\text{tors}}(K)\cong\mathbf{Z}/4\mathbf{Z}\times\mathbf{Z}/4\mathbf{Z}$,例如取椭圆曲线形如

$$E: y^2=x(x+m^2)(x+n^2), m,n\in\mathbf{Z}[\sqrt{-1}] \quad (2)$$

其中 m^2-n^2 是 $\mathbf{Z}[\sqrt{-1}]$ 中的平方元.

(2)若 $E_{\text{tors}}(K)\cong\mathbf{Z}/3\mathbf{Z}\times\mathbf{Z}/3m\mathbf{Z}, m=1,2$,则必有 $K=\mathbf{Q}(\sqrt{-3})$.

(3)Jeon等人曾证明了:当 K 跑遍所有的二次数域,E 跑遍所有的定义在 K 上的椭圆曲线时,对于Kamienny-Kenku-Momose定理中的26种群结构中的每一种类型,存在无数多条椭圆曲线使其扭群与之同构.

Kwon在1997年研究了有理域上一类椭圆曲线 $E: y^2=x(x+M)(x+N)$,其中 $M,N\in\mathbf{Z}$,他按照 E 的 $\mathbf{Q}$—有理点扭子群 $E_{\text{tors}}(\mathbf{Q})$ 非循环时的四种情形,分别给出 E 在二次数域 K 上的扭子群 $E_{\text{tors}}(K)$ 的分类情形和相应的判别条件.2010年Najman也特别研究了定义在二次分圆域上椭圆曲线的扭子群结构,他给出了如下结果:

(1) 设 E 是定义在 $\mathbf{Q}(\sqrt{-1})$ 上的椭圆曲线,则 $E_{\text{tors}}(\mathbf{Q}(\sqrt{-1}))$ 要么同构于定理 6.2 中的某一种类型,要么同构于 $\mathbf{Z}/4\mathbf{Z}\times\mathbf{Z}/4\mathbf{Z}$.

(2) 设 E 是定义在 $\mathbf{Q}(\sqrt{-3})$ 上的椭圆曲线,则 $E_{\text{tors}}(\mathbf{Q}(\sqrt{-3}))$ 要么同构于马祖尔定理 6.2 中的某一种类型,要么同构于 $\mathbf{Z}/3\mathbf{Z}\times\mathbf{Z}/3m\mathbf{Z}$,其中 $m=1,2$.

但是用 Kwon 和 Najman 的结果,我们也不能得到下面例子中的结果.

例 6.3 设 $E_p: y^2 = x^3 + px$ 为二次数域 K 上椭圆曲线,$p\in\mathbf{Z}$ 为有理奇素数. 如果 $2p\nmid D_K$ 或 $K=\mathbf{Q}(\sqrt{-d}), d=1,2$,那么

$$E_{p,\text{tors}}(K)\cong\mathbf{Z}/2\mathbf{Z} \tag{3}$$

其中 D_K 为域 K 的基本判别式.

证明 设 $Q=(x(Q),y(Q))$ 为群 $E_{p,\text{tors}}(K)$ 中的任意一个非平凡的 l 阶扭点,l 为有理素数. 此时问题转化为证明:$l=2$ 且 $Q=(0,0)$. 显然地,$l=2$ 可推出 $Q=(0,0)$ 且为唯一的非平凡的 2 阶扭点. 故我们只需证明 $l=2$ 即可. 由 $(0,0)\in E_{p,\text{tors}}(K)$ 知,$2\mid\#(E_{p,\text{tors}}(K))$,再由定理 6.3,我们知道 $E_{p,\text{tors}}(K)$ 必同构于以下 10 个群之一

$$\mathbf{Z}/2m\mathbf{Z}, 1\leqslant m\leqslant 9, \text{或 } \mathbf{Z}/3\mathbf{Z}\times\mathbf{Z}/6\mathbf{Z} \tag{4}$$

我们用排除法来一一证明 $l\neq 3,5,7$. 若 $l=3$,则 $[3]Q=O$,即有 $x([2]Q)=x(Q)$,由倍点公式 $x([2]Q)=\left(\dfrac{x(Q)^2-p}{2y(Q)}\right)^2$ 知,$x(Q)$ 是多项式 $3x^4+6px^2-p^2=0$ 的根,显然这是不可能的,从而 $l\neq 3$. 若 $l=5$,则 $[5]Q=O$,即有 $x([4]Q)=x(Q)$ 且 $x([2]Q)\neq x(Q)$,同样由倍点公式

$$x(Q)=x([4]Q)=\left(\frac{x([2]Q)^2-p}{2y([2]Q)}\right)^2 \tag{5}$$

我们可知 $x(Q), y(Q), x([2]Q), y([2]Q)$ 都是代数整数,故可设 $x(Q)=u^2, x([2]Q)=v^2, u,v\in O_K-\{0\}$,此时有

$$(v^4-p)^2=4u^2v^2(v^4+p)$$

因为此方程在左边是个完全平方,故存在代数整数 $c\in O_K$ 使得

$$v^4+p=c^2, v^4-p=2uvc \tag{6}$$

由方程(6)知 $v\mid p$. 进一步地,因对任意的素理想 $\mathfrak{q}\mid p$,有 $v_\mathfrak{q}(uv)=0$,从而我们有 $v\in O_K^*$. 对方程(6)变形,我们可得到下面两个等式

$$2p=c(c-2uv), 2=c(c+2uv) \tag{7}$$

分情况讨论:如果 $2\nmid D_K$,那么方程(7)无解. 如果 $K=\mathbf{Q}(\sqrt{-d}), d=1,2$,我们以 $K=\mathbf{Q}(\sqrt{-1})$ 为例说明. 方程(7)蕴含 $c=(1+\sqrt{-1})vs, s\in O_K^*$,这样我们得到如下两个关系式

$$1=v^2s(\sqrt{-1}s+(1+\sqrt{-1})u), p=v^2s(\sqrt{-1}s-(1+\sqrt{-1})u) \tag{8}$$

由此可推出

$$p+1 = 2\sqrt{-1}(vs)^2$$

这是不可能的,所以 $l \neq 5$. 类似地,可证明 $l \neq 7$. 此时, $E_{p,\text{tors}}(K)$ 可能的结构有
$$\mathbf{Z}/2m\mathbf{Z}, m=1,2,4,8 \tag{9}$$

为了证明我们的最终结论,我们只需证明 $E_{p,\text{tors}}(K)$ 不含 4 阶扭点即可. 如若不然,仍设 $Q=(x(Q),y(Q))$,且有 $[4]Q=O$,则有
$$[2]Q=(0,0)$$

再次由倍点公式 $x([2]Q) = \left(\dfrac{x(Q)^2-p}{2y(Q)}\right)^2$ 得到等式
$$x(Q)^2 - p = 0$$

显然这是不可能的,故有 $m \neq 2,4,8$.

综上,我们证明了 $E_{p,\text{tors}}(K) \cong \mathbf{Z}/2\mathbf{Z}$.

6.2 自 由 部 分

相比于椭圆曲线扭子群结构的研究,对椭圆曲线自由部分的研究要困难得多,而自由部分的关键在于它的秩. 在引言中我们已经指出,迄今为止,还没有发现一般的行之有效的方法能完全决定椭圆曲线的代数秩. 但是已有方法给出代数秩的上界,我们这里从算术方面和解析方面两个角度来讨论,即同源下降法和使用 L-函数的方法.

6.2.1 同源下降法

为了更自然地引入下降法,我们首先要了解伽罗瓦上同调,下面只介绍定义中需要的最基本的伽罗瓦上同调理论. 对任意的数域 K,令 $G=\text{Gal}(\overline{K}/K)$ 为 K 的绝对伽罗瓦群,赋予逆极限拓扑. M 为有限阿贝尔群,赋予离散拓扑. 若有连续作用 $M \times G \to M$,则称 M 为右 G-模. G-模 M,N 之间的 G-模同态,是指 $\phi: M \to N$ 为群同态且 $\forall \sigma \in G, m \in M, \phi(m^\sigma) = \phi(m)^\sigma$,定义 G-模 M 的 0-次上同调群为
$$H^0(G,M) = \{m \in M | m^\sigma = m, \forall \sigma \in G\}$$

由 1-上链构成的群,记为 $C^1(G,M) = \{\zeta | \text{连续映射 } \zeta: G \to M\}$.

由 1-上循环构成的群,记为 $Z^1(G,M) = \{\zeta \in C^1(G,M) | \zeta_{\sigma\tau} = \zeta_\sigma^\tau + \zeta_\tau\}$.

由 1-上界构成的群,记为
$$B^1(G,M) = \{\zeta \in C^1(G,M) | \exists m \in M, \text{使得} \forall \sigma \in G, \zeta_\sigma = m^\sigma - m\}$$

定义 G-模 M 的 1-次上同调群为
$$H^1(G,M) = Z^1(G,M)/B^1(G,M) \tag{10}$$

第六章 数域上的椭圆曲线

群的上同调有如下基本性质:

命题 6.1 设 P,M,N 均为 $G=\mathrm{Gal}(\overline{K}/K)$-模,且有短正合序列
$$0\to P\xrightarrow{\phi} M\xrightarrow{\psi} N\to 0$$
则有长正合序列
$$0\to H^0(G,P)\to H^0(G,M)\to H^0(G,N)\xrightarrow{\delta} H^1(G,P)\to H^1(G,M)\to H^1(G,N) \tag{11}$$
其中 δ 为连接映射.

有了以上准备工作,下面引入椭圆曲线上的上同调. 对于定义在数域 K 上椭圆曲线 E,E',假设存在 $\phi:E\to E'$ 为 p-次 K-有理同源映射,其中 p 为素数. 记 $E[\phi]$ 为映射 ϕ 的核,则 $E(K),E'(K),E[\phi]$ 均为 $G_K=\mathrm{Gal}(\overline{K}/K)$-模,同上有如下命题:

命题 6.2 设 $E/K,K'/K,\phi,G_K$ 定义如上,则有 G_K-模短正合序列
$$0\to E[\phi]\to E(\overline{K})\xrightarrow{\phi} E'(\overline{K})\to 0$$
及长正合序列
$$0\to H^0(G_K,E[\phi])\to H^0(G_K,E(\overline{K}))\to H^0(G_K,E'(\overline{K}))$$
$$\xrightarrow{\delta} H^1(G_K,E[\phi])\to H^1(G_K,E(\overline{K}))\to H^1(G_K,E'(\overline{K})) \tag{12}$$
也就是
$$0\to E(K)[\phi]\to E(K)\xrightarrow{\phi} E'(K)\xrightarrow{\delta} H^1(G_K,E[\phi])$$
$$\to H^1(G_K,E(\overline{K}))\to H^1(G_K,E'(\overline{K}))$$
由此得
$$0\to E'(K)/\phi(E(K))\xrightarrow{\delta} H^1(G_K,E[\phi])\to H^1(G_K,E(\overline{K}))[\phi]\to 0 \tag{13}$$
称为椭圆曲线的库麦尔(Kummer,1810—1893)序列.

下面定义局部库麦尔序列,设 v 为 K 的有限素点或者是实嵌入,记 K_v 为 K 在 v 处的局部化,同样地,有局部库麦尔序列
$$0\to E'(K_v)/\phi(E(E_v))\to H^1(G_{K_v},E(\overline{K}_v)[\phi])\to H^1(G_{K_v},E(\overline{K}_v))[\phi]\to 0 \tag{14}$$

将整体库麦尔序列(13)和局部库麦尔序列(14)放在一起得到交换图表

$$\begin{array}{ccccc}
0\to & E'(K)/\phi(E(K)) & \xrightarrow{\delta} & H^1(G_K,E(\overline{K})[\phi]) & \to & H^1(G_K,E(\overline{K}))[\phi] \\
& \downarrow & & \downarrow \prod_v \mathrm{res}_v & & \downarrow \\
0\to & \prod_v E'(K_v)/\phi(E(K_v)) & \xrightarrow{\delta} & \prod_v H^1(G_{K_v},E(\overline{K}_v)[\phi]) & \to & \prod_v H^1(G_{K_v},E(\overline{K}_v))[\phi]
\end{array}$$
$$\tag{15}$$

注记 6.2 设 E 是定义在整体域 K 上的椭圆曲线,记 $WC(E/K)$ 为 E 上的所有齐性空间的等价类的集合,而 $WC(E/K)$ 与 E 的 1-次上同调群 $H^1(G_K, E(\overline{K}))$ 存在一一映射,从而集合 $WC(E/K)$ 自然地被赋予了群结构,称为 E 的 Weil-Chatelet 群.

定义 6.1 椭圆曲线 E/K 的 ϕ-塞尔默群定义为

$$S^{(\phi)}(E/K) = \ker\{H^1(G_K, E(\overline{K})[\phi]) \to \prod_v WC(E/K_v)[\phi]\} \tag{16}$$

定义 6.2 椭圆曲线 E/K 的沙法列维奇-泰特群定义为

$$TS(E/K) = \ker\{WC(E/K) \to \prod_v WC(E/K_v)\} \tag{17}$$

注记 6.3 由定义知,沙法列维奇-泰特群中的元素为局部平凡而整体不平凡的 E-齐性空间,而塞尔默群中的元素即为局部平凡的同调类,此时计算塞尔默群和沙法列维奇-泰特群的计算问题转化为求解丢番图方程问题.

由上面的交换图表(15),我们可以得到 ϕ-塞尔默群和沙法列维奇-泰特群的 ϕ-部分的关系如下:

定理 6.4 有短正合序列

$$0 \to E'(K)/\phi(E(K)) \to S^{(\phi)}(E/K) \to TS(E/K)[\phi] \to 0 \tag{18}$$

且 $S^{(\phi)}(E/K)$ 为有限群.

对偶地,同样有短正合列

$$0 \to E'(K)/\hat{\phi}(E'(K)) \to S^{(\hat{\phi})}(E'/K) \to TS(E'/K)[\hat{\phi}] \to 0 \tag{19}$$

结合正合列

$$0 \to \frac{E'(K)[\hat{\phi}]}{\phi(E(K)[p])} \to \frac{E'(K)}{\phi(E(K))} \xrightarrow{\dot{}} \frac{E(K)}{pE(K)} \to \frac{E(K)}{\hat{\phi}(E'(K))} \to 0 \tag{20}$$

以上3个正合列中所出现的各量可看作有限域 F_p 上的有限维向量空间,则由上述正合列(18)—(20),我们得到维数公式

$$\begin{aligned}&\dim_{F_p}(S^{(\phi)}(E/K)) + \dim_{F_p}(S^{(\hat{\phi})}(E'/K)) \\ &= r_E + \dim_{F_p}(TS(E/K)[\phi]) + + \dim_{F_p}(TS(E'/K)[\hat{\phi}]) + \\ &\begin{cases} 0, E(K)[p] = \varnothing \\ 2, E(K)[p] = \varnothing \end{cases}\end{aligned} \tag{21}$$

对等式(21)放缩,我们得到代数秩 r_E 的上界

$$r_E \leq \dim_{F_p}(S^{(\phi)}(E/K)) + + \dim_{F_p}(S^{(\hat{\phi})}(E'/K)) - \begin{cases} 0, E(K)[p] = \varnothing \\ 2, E(K)[p] = \varnothing \end{cases} \tag{22}$$

注记 6.4 当取 $K = \mathbf{Q}$ 时,并不是说"对所有的 $\mathbf{Q}$ 上椭圆曲线 E 及任意的素数 p,E 都有 p-次 $\mathbf{Q}$-有理同源".根据马祖尔著名的结果,我们知道 p 只能取集合

$$\{2, 3, 5, 7, 11, 13, 17, 19, 37, 43, 67, 163\}$$

中的元素.

注记 6.5 当取 $\phi=[p]$ 时,即为 E 到自身的 p 倍映射,此时有短正合列
$$0\to E(K)/pE(K)\to S^{(p)}(E/K)\to \text{TS}(E/K)[p]\to 0 \qquad (23)$$
同样有维数公式
$$\dim_{F_p}(S^{(p)}(E/K))=r_E+\dim_{F_p}((E/K)[p])+\dim_{F_p}(\text{TS}(E/K)[p]) \qquad (24)$$

放缩该公式,我们同样地可以得到代数秩的上界. 另外,在 r_E 已知的情况下,我们可以得到沙法列维奇-泰特群的信息. 特别地,如果
$$\dim_{F_p}(S^{(p)}(E/K))=r_E+\dim_{F_p}(E(K)[p]) \qquad (25)$$
那么沙法列维奇-泰特群的 p-部分是平凡的.

本节主要关心的是 $p=2$ 的情形,下面我们给出 2-同源下降的完整算法:

命题 6.3 设 E/K 和 E'/K 为定义在数域 K 上的同源椭圆曲线,它们的魏尔斯特拉斯方程定义分别如下
$$E: y^2=x^3+ax^2+bx, E': Y^2=X^3-2aX^2+(a^2-4b)X$$
对应的 2-同源映射为
$$\phi: E\to E', \phi(x,y)=\left(\frac{y^2}{x^2}, \frac{y(b-x^2)}{x^2}\right)$$
$$\hat{\phi}: E'\to E, \hat{\phi}(X,Y)=\left(\frac{Y^2}{4X^2}, \frac{Y((a^2-4b)-X^2)}{8X^2}\right)$$
令
$$S=M_K^\infty \cup \{\text{整除 } 2b(a^2-4b) \text{ 的素元}\}$$
$$K(S,2)=\{d\in K^*/K^{*2}\mid v(d)\equiv 0(\bmod 2), \forall v\notin S\}$$
则有
$$H^1(G_K, E[\phi])\cong K(S,2)$$
从而有正合列
$$0\to E'(K)/\phi(E(K))\xrightarrow{\delta} K(S,2)\xrightarrow{\varepsilon} WC(G_K, E)$$
$$\delta(O)=1, \delta((0,0))=a^2-4b, \delta((X,Y))=X, \varepsilon(d)=\{C_d/\mathbf{Q}\}$$
其中 C_d/K 为 E/K 的齐性空间,其对应的方程为
$$C_d: dw^2=d^2-2adz^2+(a^2-4b)z^4$$
此时 ϕ-塞尔默群有如下对应关系
$$\{1, a^2-4b\}\subseteq S^{(\phi)}(E/K)\cong \{d\in K(S,2)\mid C_d(K_v)\neq \varnothing, \forall v\in S\} \qquad (26)$$
类似地,对于 ϕ 的对偶映射 $\hat{\phi}$,我们有
$$0\to E(K)/\hat{\phi}(E'(K))\xrightarrow{\delta'} K(S,2)\xrightarrow{\varepsilon'} WC(G_K, E')$$
$$\delta'(O)=1, \delta'((0,0))=b, \delta'((x,y))=x, \varepsilon'(d)=\{C_d'/\mathbf{Q}\}$$
其中 C_d'/K 为 E/K 的齐性空间,其对应的方程为
$$C_d': dw^2=d^2+4adz^2+16bz^4$$

同样,$\hat{\phi}$-塞尔默群有如下对应关系

$$\{1,b\}\subseteq S^{(\hat{\phi})}(E'/K)\cong\{d\in K(S,2)\mid C'_d(K_v)\neq\varnothing,\forall v\in S\} \quad (27)$$

对于形如命题 6.3 中的椭圆曲线 E/K 和 E'/K 及 $\phi,\hat{\phi}$,对应于式(21) (22),我们可得到 $p=2$ 时的维数公式

$$r_E = \dim_2(S^{(\phi)}(E/K)) + \dim_2(S^{(\hat{\phi})}(E'/K)) - \dim_2(TS(E/K)[\phi]) - \dim_2(TS(E'/K)[\hat{\phi}]) - 2 \quad (28)$$

及代数秩 r_E 的上界

$$r_E \leqslant \dim_2(S^{(\phi)}(E/K)) + \dim_2(S^{(\hat{\phi})}(E'/K)) - 2 \quad (29)$$

这里为方便起见,我们记 $\dim_{F_2} = \dim_2$.

例 6.4 设 $E_p: y^2 = x^3 + px$ 为 $\mathbf{Q}$ 上椭圆曲线, $p\in\mathbf{Z}$ 为有理奇素数. 则

$$r_{E_p} \leqslant \begin{cases} 0, & p\equiv 7,11 \pmod{16} \\ 1, & p\equiv 3,5,13,15 \pmod{16} \\ 2, & p\equiv 1,9 \pmod{16} \end{cases} \quad (30)$$

6.2.2 L-函数

设 E 是数域 K 上的椭圆曲线,假设它有一个极小魏尔斯特拉斯方程,不妨设为

$$y^2 + a_1xy + a_3y = x^3 + a_2x^2 + a_4x + a_5, a_i\in O_K \quad (31)$$

则此时 E 的判别式 $\Delta_{\min}\in O_K$ 且为该椭圆曲线所有整系数魏尔斯特拉斯方程的判别式中最小者,即对于 K 中任意的有限素点 v 有 $v(\Delta_{\min})$ 最小.

定义 6.3 设 v 为 K 的有限素点.

(1) 若 $v(\Delta_{\min})=0$,在 E 在 v 处为好约化,此时定义 $a_v = q_v + 1 - \#\widetilde{E}(F_v)$, $q_v = \#F_v$.

(2) 若 $v(\Delta_{\min})>0$ 且 $c_4=0$,则 E 在 v 处为加法约化,此时定义 $\varepsilon_v=0$.

(3) 若 $v(\Delta_{\min})>0, c_4\neq 0$ 且在节点处切线斜率属于 F_v,则 E 在 v 处为分裂乘法约化,此时定义 $\varepsilon_v=1$.

(4) 若 $v(\Delta_{\min})>0, c_4\neq 0$ 且在节点处切线斜率不属于 F_v,则 E 在 v 处为非分裂乘法约化,此时定义 $\varepsilon_v=-1$.

定义 6.4 椭圆曲线 E/K 的哈塞-韦伊 L-函数定义为欧拉乘积

$$L(E/K,s) := \prod_{v\nmid\Delta}(1 - a_vq_v^{-s} + q_v^{1-2s})^{-1} \prod_{v\mid\Delta}(1 - \varepsilon_vq_v^{-s})^{-1} = \sum_{n=1}^{\infty} a_n n^{-s} \quad (32)$$

上述欧拉乘积在 $\Re(s)>3/2$ 时收敛. 哈塞-韦伊猜想断言 $L(E/K,s)$ 可以延拓成全平面的全纯函数并且满足一个联系变量为 s 和 $2-s$ 的函数方程. 著名的 Taniyama-Shimura-Weil 猜想是说 $\mathbf{Q}$ 上的椭圆曲线 E 都是模的. 1995 年, 怀尔斯证明了对半稳定椭圆曲线 E, 其 L-函数 $L(E/\mathbf{Q},s)$ 为某个模形式的 L-函

数,经 Breuil,Conrad,Diamond 和泰勒等人共同努力,在 1999 年对一般椭圆曲线也证明了该猜想.解析延拓和函数方程则是赫克给出的一般模形式的结果.这样,由赫克,怀尔斯等人关于模形式方面的工作可知哈塞-韦伊猜想对于 $\mathbf{Q}$ 上的椭圆曲线自然成立,即

定理 6.5 存在唯一的正整数 $N(E)$ 及 $W(E/\mathbf{Q}) \in \{\pm 1\}$ 使得函数
$$\Lambda(E/\mathbf{Q},s) = N(E)^{s/2} \cdot (2\pi)^{-s} \cdot \Gamma(s) \cdot L(E/\mathbf{Q},s) \tag{33}$$
可延拓为 $\mathbf{C}$ 上的解析函数,满足如下函数方程
$$\Lambda(E/\mathbf{Q}, 2-s) = W(E/\mathbf{Q}) \cdot \Lambda(E/\mathbf{Q}, s) \tag{34}$$
其中
$$\Gamma(s) = \int_0^\infty t^{s-1} e^{-t} dt$$

称 $N(E)$ 为 E 的导子(conductor),$W(E/\mathbf{Q})$ 为 E 的根数(root number)或函数方程的符号.

关于根数 $W(E/K)$ 的几点说明:

(1)事实上,$W(E/K)$ 是 E 内在的不变量,它的定义如下
$$W(E/K) = \prod_{v \in M_K} W(E/K_v) \tag{35}$$
其中 $W(E/K_v)$ 称为局部根数,它是通过 K_v 的韦伊-德林群的复表示定义的,故它不依赖于任何猜想存在.

(2)对所有的 $v \in M_K$,都有 $W(E/K_v) = \pm 1$.进一步地,对几乎所有的 v,都有 $W(E/K_v) = 1$.

(3)在哈塞-韦伊猜想成立的情况下,由 Birch-Swinnerton-Dyer 猜想可推出如下猜想:

猜想 6.1(奇偶性猜想) $W(E/K) = (-1)^{r_E}$.

(4)经过 Birch,Stephens,Rohrlich,Liverance,Connell,Halberstadt 及 Rizzo 等人的共同努力,已经完全解决了有理数域上椭圆曲线的根数问题,即任给有理数域上的椭圆曲线都有具体公式可给出局部根数.

例 6.5 设 $E_n: y^2 = x^3 - nx$ 是有理数域上的椭圆曲线,n 为有理整数,则
$$W(E_n/\mathbf{Q}) = \mathrm{sgn}(-n) \cdot \epsilon(n) \cdot \prod_{p^2 \| n, p \geqslant 3} \left(\frac{-1}{p}\right) \tag{36}$$
其中
$$\epsilon(n) = \begin{cases} -1 & \text{当 } n \equiv 1, 3, 11, 13 \pmod{16} \\ 1 & \text{当 } n \equiv 2, 5, 6, 7, 9, 10, 14, 15 \pmod{16} \end{cases}$$

6.3 典范高度及计算莫德尔－韦伊群

上两节中我们介绍了莫德尔－韦伊群的扭子群的结构和求秩的上界的方法. 在这一节, 我们将介绍在秩已知的情况下如何找自由部分的生成元, 在此之前, 我们先介绍如何计算非扭有理点的典范高度, 这对于实际计算中搜索有理点至关重要, 但是由典范高度的定义直接计算是很难操作的, 下面给出方法将它约化为计算 Neron-Tate 局部高度.

6.3.1 典范高度

定义 6.5 设 v 为数域 K 的一个素点, 椭圆曲线 $E(K)$ 上的 v-adic 拓扑定义如下: 设 $P_0 = (x_0, y_0) \in E(K)$, P_0 的开邻域基为集合
$$U_\varepsilon = \{(x,y) \in E(K) \mid |x-x_0|_v < \varepsilon, |y-y_0|_v < \varepsilon\}, \forall \varepsilon > 0$$
无穷远点的开邻域基定义为集合
$$U_\varepsilon = \{(x,y) \in E(K) \mid |x|_v > \varepsilon^{-1}\} \cup \{O\}, \forall \varepsilon > 0$$

定理 6.6 (Neron-Tate) 设 K_v 是数域 K 关于素点 v 的完备化, 记对数赋值为
$$v(\cdot) = -\log|\cdot|_v$$
设 K_v 上椭圆曲线的魏尔斯特拉斯方程为
$$y^2 + a_1 xy + a_3 y = x^3 + a_2 x^2 + a_4 x + a_5, a_i \in O_{K_v} \tag{37}$$
记 Δ 为 E 的判别式. 则:

(1) 存在唯一的函数 $\lambda : E(E_v) \setminus \{O\} \to \mathbf{R}$, 满足如下条件:

(a) λ 连续, 且在 O 的任何 v-adic 邻域的补集中有界.

(b) 极限 $\lim\limits_{P \to O} (\lambda(P) + \frac{1}{2} v(x(P)))$ 存在.

(c) 对所有 $P \in E(E_v)$, $[2]P \neq O$, 有
$$\lambda([2]P) = 4\lambda(P) + v((y + a_1 x + a_3)(P)) - \frac{1}{4} v(\Delta)$$

(2) λ 与魏尔斯特拉斯方程的选取无关.

(3) 设 L/K_v 为有限扩张, ω 为 v 在 L 上的素点, 则
$$\lambda_\omega(P) = \lambda_v(P), \forall P \in E(E_v) \setminus \{O\}$$

定理 6.7 设 K 为数域, M_K 为 K 的素点集合, $n_v = [K_v : \mathbf{Q}_v]$ 为局部次数, E/K 为椭圆曲线. 对所有的 $v \in M_K$, 记 $\lambda_v : E(K_v) \setminus \{O\} \to \mathbf{R}$ 为局部高度函数, 则对所有 $P \neq O$, 有

$$\hat{h}(P) = \frac{1}{[K:\mathbf{Q}]} \sum_{v \in M_K} n_v \lambda_v(P)$$

下面分别从阿基米德部分和非阿基米德部分介绍.

对任意的 $v \in M_K^\infty$,阿基米德部分局部高函数 λ_v 的计算:

对任意的点 $P = (x, y) \in E(K)$,令 $t = \frac{1}{x}$,定义 $w := 4t + b_2 t^2 + 2b_4 t^3 + b_6 t^4 = x^{-4}(4x^4 + b_2 x^2 + 2b_4 x + b_6)$,$z := 1 - b_4 t^2 - 2b_6 t^3 - b_8 t^4 = x^{-4}(x^4 - b_4 x^2 - 2b_6 x - b_8)$,$c_n := \log|z([2^n]P)|_v$.若某 c_n 很大,则对原方程左平移变换 $x' = x + 1$,此时有 $t' = \frac{1}{x'} = \frac{t}{1+t}$,$w', z'$ 定义如前.

定理 6.8(Silverman) 定义

$$c_{-1}, \beta_{-1} = \begin{cases} -\log|t(P)|_v, 1, P \in U \\ -\log|t'(P)|_v, 0, P \notin U \end{cases} \tag{38}$$

$$c_n, \beta_n = \begin{cases} \log|z([2^n](P))|_v, 1, \beta_{n-1} = 1, [2^{n+1}]P \in U \\ \log|z([2^n](P)) + w([2^n](P))|_v, 0, \beta_{n-1} = 1, [2^{n+1}]P \notin U \\ \log|z'([2^n](P))|_v, 0, \beta_{n-1} = 0, [2^{n+1}]P \in U' \\ \log|z'([2^n](P)) - w'([2^n](P))|_v, 1, \beta_{n-1} = 0, [2^{n+1}]P \notin U' \end{cases} \tag{39}$$

则有:

(1) $\lambda_v(P) = \frac{1}{2} c_{-1} + \frac{1}{8} \sum_{n=0}^{\infty} 4^{-n} c_n$.

(2) $\lambda_v(P) = \frac{1}{2} c_{-1} + \frac{1}{8} \sum_{n=0}^{N-1} 4^{-n} c_n + O(4^{-N})$,其中 $O(\cdot)$ 与 N 无关.

其中 $U = \{Q \in E(K_v) \mid |t(Q)|_v \leq 2\}$,$U' = \{Q \in E(K_v) \mid |t'(Q)|_v \leq 2\}$.

对任意的有限素点 $v \in M_K$,非阿基米德部分局部高函数 λ_v 的计算:

对于任意的 $P = (x, y) \in E(K)$,由二重及三重公式,我们可令

$$\psi_2(P) = 2y + a_1 x + a_3, \psi_3(P) = 3x^4 + b_2 x^2 + 3b_4 x^2 + 3b_6 x + b_8.$$

定理 6.9 记法如上,则有:

(1) 若 $\mathrm{ord}_v(3x^2 + 2a_2 x + a_4 - a_1 y) \leq 0$ 或 $\mathrm{ord}_v(2y + a_1 x + a_3) \leq 0$,则有

$$\hat{\lambda}_v(P) = \max\{0, \frac{1}{2} \log|x(P)|_v\}$$

(2) 若 $\mathrm{ord}_v(c_4) = 0$,记 $N = \mathrm{ord}_v(\Delta_E)$,$n = \min\{\mathrm{ord}_v(\psi_2(P)), \frac{1}{2} \mathrm{ord}_v(\Delta_E)\}$,则有

$$\hat{\lambda}_v(P) = \frac{n(N-n)}{2N^2} \log|\Delta_E|_v$$

(3) 若 $\mathrm{ord}_v(\psi_3(P)) \geq 3\mathrm{ord}_v(\psi_2(P))$,则 $\hat{\lambda}_v(P) = \frac{1}{3} \log|\psi_2(P)|_v$.

(4) 如若不然,则 $\hat{\lambda}_v(P) = \frac{1}{8}\log|\psi_3(P)|_v$.

利用定理 6.8 和定理 6.9 来计算下面的例子:

例 6.6 设 $E_n : y^2 = x^3 - nx$ 为有理数域上的椭圆曲线, n 是四次平方自由整数. 设点 $P \in E_n(\mathbf{Q})$ 为 E_n 的非扭有理点, 我们记 $x(P) = \dfrac{a}{d^2}$, 则有

$$\hat{h}(P) \geqslant \frac{1}{16}\log(2n) \tag{40}$$

$$\frac{1}{4}\log\left(\frac{a^2+nd^4}{n}\right) \leqslant \hat{h}(P) \leqslant \frac{1}{4}\log(a^2+nd^4) + \frac{1}{12}\log 2 \tag{41}$$

证明 首先我们利用定理 6.8 来估计典范高度中的阿基米德部分 $\hat{h}_\infty$, 我们有

$$0 \leqslant \lambda_\infty(P) - \frac{1}{4}\log(x(P)^2+n) + \frac{1}{12}\log|\Delta| \leqslant \frac{1}{12}\log 2 \tag{42}$$

令 $P_1 = 2P$. 对任意的有理奇素数 t, 则有 $P_1 \in E_{n,0}(\mathbf{Q}_t)$, 从而可知点 P_1 和点 P 在有限位 t 处的局部高度可由以下公式给出

$$\begin{aligned}\lambda_t(P) = {} & \frac{1}{2}\max\{0, -\mathrm{ord}_t(x(P_1))\log t\} + \\ & \frac{1}{12}\mathrm{ord}_t(\Delta)\log t - \begin{cases} 0 & P \in E_{n,0}(\mathbf{Q}_t) \\ \frac{1}{4}\mathrm{ord}_t(n)\log t & P \notin E_{n,0}(\mathbf{Q}_t) \end{cases}\end{aligned} \tag{43}$$

$$\lambda_t(P_1) = \frac{1}{2}\max\{0, -\mathrm{ord}_t(x(P_1))\log t\} + \frac{1}{12}\mathrm{ord}_t(\Delta)\log t$$

为方便起见, 记 $x(P_1) = \dfrac{\alpha}{\delta^2}$, 联合不等式 (42), 我们得到

$$\hat{h}(P_1) \geqslant \frac{1}{4}\log(\alpha^2+n\delta^4) \tag{44}$$

因为 $P_1 \in E_{n,0}(\mathbf{R})$, 则有 $\alpha/\delta^2 \geqslant \sqrt{n}$, 经过放缩, 我们有不等式

$$\alpha^2 + n\delta^4 \geqslant 2n\delta^4 \geqslant 2n$$

进而有

$$\hat{h}(P_1) \geqslant \frac{1}{4}\log(2n) \tag{45}$$

联合公式 $\hat{h}(P_1) = \hat{h}(2P) = 4\hat{h}(P)$, 即可得不等式 (40).

为了证明不等式 (41), 我们重新分别调整不等式 (42) 及 (43) 如下

$$0 \leqslant \lambda_\infty(P) - \frac{1}{4}\log(x(P)^2+n) + \frac{1}{12}\log|\Delta| \leqslant \frac{1}{12}\log 2 \tag{46}$$

$$-\frac{1}{4}\mathrm{ord}_t(n)\log t \leqslant \lambda_t(P) - \mathrm{ord}_t(d)\log t - \frac{1}{12}\mathrm{ord}_t(\Delta)\log t \leqslant 0 \quad (t \geqslant 2) \tag{47}$$

从而对所有位上的局部高度求和，我们可得到以下不等式
$$-\frac{1}{4}\log(n) \leqslant \hat{h}(P) - \frac{1}{4}\log(a^2+nd^4) \leqslant \frac{1}{12}\log 2 \tag{48}$$
进而得不等式(41).

注记 6.6 不等式(40)是朗格猜想的特殊情形. 这里的朗格猜想是说椭圆曲线非扭有理点的典范高度满足不等式
$$\hat{h}(P) \gg \log|\Delta| \tag{49}$$
其中 Δ 为椭圆曲线的判别式.

注记 6.7 不等式(41)给出了椭圆曲线 E_{2rD} 的非扭有理点的典范高度与韦伊高度之间的差别，形如
$$-\frac{1}{4}\log(2n) \leqslant \hat{h}(P) - \frac{1}{2}h(P) \leqslant \frac{1}{4}\log(n+1) + \frac{1}{12}\log 2 \tag{50}$$
其中 $h(P)$ 为点 P 的本原高度，共定义为 $h(P) = \frac{1}{2}\log\max\{|a|,|d^2|\}$.

6.3.2 计算莫德尔－韦伊群

由莫德尔－韦伊定理，知道 $E(K) \cong \mathbf{Z}^{r_E} \oplus E_{\text{tors}}(K)$，计算莫德尔－韦伊群首先要确定 r_E. 为叙述方便，这一节我们以 $K=\mathbf{Q}$ 为例，有如下命题：

命题 6.4(**斯坦因**[①]) 记 E 为 $\mathbf{Q}$ 上椭圆曲线，如果 BSD 猜想是正确的，那么 r_E 是可以计算的.

证明思路：对 $E(\mathbf{Q})$ 进行穷尽搜索，可以得到 r_E 的下界. 若搜索的点数足够多，则可以很接近得到 r_E，但必须有上界才能确认. 在计算 $L^{(k)}(E,1)$ 时，如果 $L^{(k)}(E,1)\neq 0$ 在精度很高的情况下成立，那么有 $r^{an}\leqslant k$. 而在假设 BSD 猜想成立的情况下，有 $r_E = r^{an}$，从而得到 r_E 的上界，最终能得到 r_E 的准确值.

引理 6.1(Zagier) 设 E 为 $\mathbf{Q}$ 上的椭圆曲线. 若有正实数 B，使得集合
$$S = \{P \in E(\mathbf{Q}) | \hat{h}(P) \leqslant B\} \tag{51}$$
包含了 $E(\mathbf{Q})/2E(\mathbf{Q})$ 的所有陪集代表元，那么集合 S 生成 $E(\mathbf{Q})$.

引理 6.2(Siksek) 设 E 为 $\mathbf{Q}$ 上的代数秩 $r=r_E$ 大于等于 1 的椭圆曲线. 设 A 为由 $E(\mathbf{Q})$ 的任意一组线性无关元 $P_1, \cdots, P_r$ 所生成的子群即 $A = \oplus_{i=1}^{r} \mathbf{Z}P_i$，记 $n = [\overline{E(\mathbf{Q})} = E(\mathbf{Q})/E_{\text{tors}}(\mathbf{Q}) : A]$.

(a)定义 $R(P_1, \cdots, P_r) = |\det(<P_i, P_j>)_{1\leqslant i,j\leqslant r}|$，则有
$$\text{Reg}(E) = \frac{1}{n^2}R(P_1, \cdots, P_r) \tag{52}$$

[①] 斯坦因(Stein, 1931—2018)，美国数学家.

(b)若对任意的非扭点 $Q \in E(\mathbf{Q})$，都有 $\hat{h}(Q) > \lambda$，λ 为正实数，则

$$n \leqslant R(P_1, \cdots, P_r)^{1/2} \left(\frac{\gamma_r}{\lambda}\right)^{r/2} \quad (53)$$

其中 γ_r 满足

$$\gamma_1^1 = 1, \gamma_2^2 = \frac{4}{3}, \gamma_3^3 = 2, \gamma_4^4 = 4$$

$$\gamma_5^5 = 8, \gamma_6^6 = \frac{64}{3}, \gamma_7^7 = 64, \gamma_8^8 = 2^8, \gamma_r = (4/\pi)\Gamma(r/2+1)^{2/r}, r \geqslant 9$$

命题 6.5（斯坦因） 记 E 为 $\mathbf{Q}$ 上椭圆曲线，如果 r_E 已知中，那么 $E(\mathbf{Q})$ 是可以计算的.

证明概要：

(1) 确定 $E(\mathbf{Q})/2E(\mathbf{Q})$ 的 F_2-线性空间的维数 s. 由莫德尔-韦伊定理可知，$s = r_E + \dim_2 E(\mathbf{Q})[2]$.

(1.1) 通过命题 6.4 可计算得到 r_E.

(1.2) 通过在 $\mathbf{Q}$ 上解方程 $\psi_2 = 0$，求得 $E(\mathbf{Q})$ 中所有非平凡 2-阶扭点 $P'_{r_E+1}, \cdots, P'_s$.

(2) 从 $E(\mathbf{Q})$ 中随机搜索以求获得 $E(\mathbf{Q})/2E(\mathbf{Q})$ 的生成元. 即随机搜索 F_2-线性空间 $E(\mathbf{Q})/2E(\mathbf{Q})$ 的一组基.

(2.1) 随机找一个非扭点 $P_1 \in E(\mathbf{Q})$，使得它满足 $P_1 \notin 2E(\mathbf{Q})$，如若不然，用倍点公式 $P_1 = [2]Q, Q \in E(\mathbf{Q})$，解方程得 Q，仍记 $P_1 = Q$，如此进行有限次以后，可找到 $P_1 \notin 2E(\mathbf{Q})$.

(2.2) 利用步骤 (2.1)，找到足够多的非扭点 $P_1, \cdots, P_k$，使得它们都满足 $P_i \notin 2E(\mathbf{Q})$，$1 \leqslant i \leqslant k$，利用 F_2 中的线性关系，则能找到一个极大线性无关组 $P'_1, \cdots, P'_{r_E}$，仍记为 $P_1, \cdots, P_{r_E}$，这是可以实现的，因为 s 有限. 这样可找到 $E(\mathbf{Q})/2E(\mathbf{Q})$ 的一组生成元：$P_1, \cdots, P_{r_E}, P'_{r_E+1}, \cdots, P'_s$.

(3) 存在非负实数 C，使得对任意的点 $P \in E(\mathbf{Q})$，都有 $|h(P) - \hat{h}(P)| \leqslant C$. 又令

$$B = \max\{\hat{h}(P_1), \cdots, \hat{h}(P_{r_E})\} \quad (54)$$

则集合 $S' = \{P \in E(\mathbf{Q}) \mid h(P) \leqslant B + C\} \supseteq S$，故由引理 6.1 知，$S'$ 包含莫德尔-韦伊群 $E(\mathbf{Q})$ 的生成元.

后文参考资料中（Siksek）从 $E(\mathbf{Q})/2E(\mathbf{Q})$ 的生成元 $P_1, \cdots, P_{r_E}$ 出发，用无穷下降法来找 $E(\mathbf{Q})$ 的生成元.

(3.1) 计算 n 的上界. 首先判断 $E(\mathbf{Q})$ 中的非扭点的典范高度是否满足引理 6.2 中 (b) 的条件，如果满足，即可找到上界记为 m. 如若不然此方法不可行.

(3.2) 假设步骤 (3.1) 可行，确定 n 的素因子. 奇素数 $p \leqslant m$ 是 n 的素因子

当且仅当方程 $\sum_{i=1}^{r_E} a_i P_i = pQ$, $|a_i| \leqslant p/2$ 在 $\mathbf{Z}^{r_E} \times \overline{E}(\mathbf{Q})$ 中有解. 我们进一步考虑在求解中加入 F_p-线性结构. 设 $P_{r_E+1}, \cdots, P_{r_E+s'}$ 为 F_p-线性空间 $E_{\text{tors}}(\mathbf{Q})/pE_{\text{tors}}(\mathbf{Q})$ 的一组基, 记

$$V_p = \{a = (a_1, \cdots, a_{r_E+s'}) \in F_p^{r_E+s'} \mid \sum_{i=1}^{r_E+s'} a_i P_i \in pE(\mathbf{Q})\}, 0 \leqslant s' \leqslant 2 \quad (55)$$

显然 V_p 为 F_p-线性空间. 此时问题转化为: 奇素数 p 是 n 的素因子当且仅当 $V_p \neq \{0\}$. 接下来用筛法考虑问题, 即考虑一些比较小的有理奇素数 $q \in \mathbf{Z}$, 使得满足两个筛法条件: (a) $E/\mathbf{Q}$ 在 q 处有好约化且有 $\sharp \widetilde{E}(F_q) = lp$, $p \nmid l$. (b) 计算 $P'_i \equiv lP_i \pmod{q}$, $i = 1, 2, \cdots, r_E + s'$. 若对 $\forall i$, 都有 $P'_i = O$, 则重新找满足(a)的素数 q. 筛法过程: 假设已找到 q 使得某 $P'_i \neq O$, 不妨假设 $P'_1 \neq O$. 而由筛法条件知, $l\widetilde{E}(F_q)$ 为 p 阶循环群, 即有 $\widetilde{E}(F_q) = <P'_1>$, 由此可求得 m_i 使得 $P'_i = m_i P'_1 \pmod{q}$, $i = 1, 2, \cdots, r_E + s'$. 注意到若 $(a_1, \cdots, a_{r_E+s'}) \in V_p$, 则它为同余方程 $\sum_{i=1}^{r_E+s'} m_i a_i \equiv 0 \pmod{p}$ 的解. 此时令

$$V'_p = \{a = (a_1, \cdots, a_{r_E+s'}) \in F_p^{r_E+s'} \mid \sum_{i=1}^{r_E+s'} m_i a_i \equiv 0 \pmod{p}\} \quad (56)$$

显然仍有 V'_p 为 F_p-线性空间 $V_p \subseteq V'_p$. 如果能找到足够多的奇素数 q 及对应的 m_i, 使得矩阵

$$\begin{pmatrix} m_{1,1} & m_{1,2} & \cdots & m_{1,r_E+s'} \\ m_{2,1} & m_{2,2} & \cdots & m_{2,r_E+s'} \\ \vdots & \vdots & & \vdots \\ m_{r_E+s',1} & m_{r_E+s',2} & \cdots & m_{r_E+s',r_E+s'} \end{pmatrix} \quad (57)$$

的秩恰为 $r_E + s'$, 则

$$V_p = 0$$

由判定条件知

$$p \nmid n$$

如若不然, 取 V'_p 的子集 $S_p \subseteq \mathbf{Z}^{r_E+s'} \setminus \{0\}$ 满足: (c) 对 $\forall (b_1, \cdots, b_{r_E+s'}) \in S_p$, 都有 $|b_i| \leqslant (p-1)/2$. (d) 对 $\forall (a_1, \cdots, a_{r_E+s'}) \in V_p \setminus \{0\}$, 都存在唯一的 $(b_1, \cdots, b_{r_E+s'}) \in S_p$, 使得 $(a_1, \cdots, a_{r_E+s'}) \equiv \beta (b_1, \cdots, b_{r_E+s'}) \pmod{p}$, 对某 $\beta \in F_p$. 对任意的 $(a_1, \cdots, a_{r_E+s'}) \in S_p$, 在 $E(\mathbf{C})$ 中解方程

$$a_1 P_1 + \cdots + a_{r_E+s'} P_{r_E+s'} = pQ \quad (58)$$

用椭圆曲线离散对数算法可找到上述方程的 p^2 个解 $Q = (x, y) \in E(\mathbf{C})$. 但 Q 不一定在 $E(\mathbf{Q})$ 中. 要从 $Q \in E(\mathbf{C})$ 判断 Q 是否在 $E(\mathbf{Q})$ 还需要 LLL 算法, 这里

不再叙述.通过上述讨论,最终能判断 p 是否整除 n.

(3.3)如果 $p|n$,那么由步骤(3.2)的讨论知,有

$$\sum_{i=1}^{r_E+s'} a_i P_i = pQ$$

因为 $P_{r_E+1},\cdots,P_{r_E+s'}$ 为 $E_{\text{tors}}(\mathbf{Q})/pE_{\text{tors}}(\mathbf{Q})$ 的代表元,那么 $a_1,\cdots,a_{r_E}$ 中必有一个不是 p 的倍数,用 Q 代替这个元,那么对新的 $P_1,\cdots,P_r$ 有

$$\text{Reg}(E) = \frac{p^2}{n^2} R(P_1,\cdots,P_{r_E}) \tag{59}$$

并对它们回到步骤(3.2)继续讨论,有限步后能得到 $E(\mathbf{Q})$ 的生成元和正规子 $\text{Reg}(E)$.

第七章 椭圆曲线的黎曼假设

7.1 引言

黎曼 Zeta 函数 $\zeta(s)$ 对 $\text{Re}(s) > 1$ 定义为

$$\zeta(s) = \sum_{n=1}^{\infty} \frac{1}{n^s} \tag{1}$$

利用函数方程可以将它解析延拓到整个平面上. 最开始的黎曼假设是断言黎曼 Zeta 函数 $\zeta(s)$ 的非实零点都在直线 $\text{Re}(s) = \frac{1}{2}$ 上. 在他 1859 年的标志性著作中,黎曼为了导出由高斯,勒让德及其他人对 $\pi(x)$ 估计为 $\frac{x}{\log x}$ 的猜测(这里 $\pi(x)$ 是代表不大于 x 的素数个数)做出了上述断言. 黎曼还暗示以后再回来搞这件事,他"目前先将其放在一旁". 显然黎曼有生之年太短,没有足够时间做这个. 直到今日,尽管有无数个例证是符合黎曼假设的,但是没有人能够证明它. 然而,数学家们做出很多黎曼 Zeta 函数的推广及类比,其中狄利克雷,戴德金(Dedekind,1831—1916),阿廷,施密特(Schmidt,1876—1959) 以及韦伊等人,而黎曼假设在其中的某些情形下是成立的.

这些情形之一是椭圆曲线的黎曼假设. 这是由阿廷提出,

被哈塞所证明,因此也以哈塞定理之名为人所熟知. 我们将在下面陈述这个结果,然后转向本章的两个主要问题:(i) 简单讲述这两种黎曼假设不仅是近似的类比,而且确实是同一更广的框架下的两个例子;(ii) 关于有限域上椭圆曲线上的黎曼假设的一个初等证明. 这个分别在"7.3 整体(域的)Zeta 函数"和"7.4 哈塞定理的初等证明"中叙述,而且可以彼此独立地读它们.

我们的证明基于马宁的思想,除了用了"基本恒等式"之外,内容是自我包含的. 这个恒等式是作为一个技巧性的引理出现在式(19)中. 它的证明虽然比较复杂,但完全是初等的,而且是我们对黎曼假设的证明中极小的说明部分.

7.2 陈 述

固定一个素数 p. 对每一个 $r \geqslant 1$,存在唯一的有限域 F_q,它有 $q = p^r$(个)元素. 为了简化起见,从现在开始我们假定 p 不是 2 或 3. 这样,我们的椭圆曲线可以用魏尔斯特拉斯方程来定义

$$y^2 = x^3 + ax + b \quad (a, b \in F_q) \tag{2}$$

其中 $4a^3 + 27b^2 \neq 0$,以使右边三次方程没有重根(这就保证了对应曲线没有奇点).

对于有限域上曲线的黎曼假设有几种等价的表述,我们给出其中的两个. 如果我们将椭圆曲线记为 E,我们可以(暂时地)定义它的 Zeta 函数为

$$Z_E(t) = \frac{1 - a_q(E)t + qt^2}{(1-t)(1-qt)} \tag{3}$$

它对 E 的依赖关系出现在分子中的系数 $a_q = a_q(E)$ 上. 这时 $a_q = q - N_q$,其中 N_q 等于式(2)在 F_q 中的解的个数. (在下面的"7.3 整体(域的)Zeta 函数"中我们将给出一个与黎曼 Zeta 函数有明显的联系的 $Z_E(t)$ 的等价公式)

对 E 的黎曼假设是断言:如果 $Z_E(q^{-s}) = 0$,那么 $\text{Re}(s) = \frac{1}{2}$. 但为了证明这个猜想,我们将黎曼假设改述为关于 a_q 的界的形式.

为什么期望 a_q 有界是自然的呢? 假定在 x 变化时,$x^3 + ax + b$ 的值在 F_q 中是均匀分布的,我们将有 E 中一个点使 $x^3 + ax + b = 0$. 因 q 为奇数,有 $\frac{q-1}{2}$ 个 $x^3 + ax + b$ 的非零值是非平方元,不能给出 E 上的点. 而对另外 $\frac{q-1}{2}$ 个元素,则有 $(\pm y)^2 = x^3 + ax + b$ 对于某个 $y \in F_q$,即对每个 x 给出两个解. 那么 N_q 的期望值为 $1 + 2 \cdot \frac{q-1}{2} = q$,并且 a_q 就是 N_q 与期望值之间的偏差.

沿着这个思路,我们断言,事实上 a_q 的界
$$|N_q - q| \leqslant 2\sqrt{q} \qquad (4)$$
等价于 E 的黎曼假设.

事实上,若 $Z_E(q^{-s}) = 0$,则我们看到 q^s 是多项式
$$f(u) = u^2 - a_q u + q$$
的一个根. 注意,不等式(4)成立当且仅当 $f(u)$ 的判别式 $a_q^2 - 4q \leqslant 0$,它的成立当且仅当 $f(u)$ 的两个根 u_1, u_2 是共轭复数,或相等. 实际上这等价于 $|u_1| = |u_2|$. 因为 $f(u)$ 的常数项 $q = u_1 u_2$,这就是说不等式(4)成立当且仅当 $f(u)$ 的两根绝对值都是 $\sqrt{q}$,也就是当且仅当对所有满足 $Z_E(q^{-s}) = 0$ 的 s,我们有 $|q^s| = \sqrt{q}$,因此 $\mathrm{Re}(s) = \frac{1}{2}$.

从广义上说,存在这样的几何解释,它允许黎曼假设用代数几何叙述证明,但是对黎曼原来的 Zeta 函数的情形仍然是十分棘手的.

7.3 整体(域的) Zeta 函数

上面式(3)给出了椭圆曲线的 Zeta 函数,但完全看不出来它与黎曼 Zeta 函数有任何关系. 但是两者都是整体域上 Zeta 函数的特殊情形. 整体域是由戴德金与阿廷分别引入的,是下列两种类型的域之一.

1. 数域,是 **C** 的一个子域,它作为在 **Q** 上向量空间的维数是有限的.(我们记得 **C** 的每一个子域都包含 **Q** 作为子域,所以 **Q** 是最小的数域.)

2. 由曲线
$$F(x, y) = 0 \qquad (5)$$
定义的函数域, $F(x, y)$ 是 q 元有限域 F_q 上(即系数在 F_q 中)的不可约多项式. 作为定义,曲线(5)定义的函数域是整环 $F_q[x, y]/(F(x, y))$ 的商域.

我们还要补充一句,这两个域乍看起来是完全不相干的,但我们能够给出统一的定义,它们有很多重要的相似的地方,常常是猜想或结果在一个里面解决了就等于在另一个里面也成立. 经典形式的黎曼假设和它在椭圆曲线的形式只是这个现象的很多例子之一而已.

定义戴德金 Zeta 函数最直接、自然的办法就是用整理想的术语定义数域的 Zeta 函数. 但是,由于无穷远点的缘故,这样的定义在曲线的函数域方面变得很棘手,同时对两种情形都能适合立即开展研究的最好方法是从整体域的赋值作起,下面我们将遵循这条思路.

7.3.1 赋值

假设 K 是一个域,我们记 K 的非零元素集合为 $K^\times$. K 上一个(离散)赋值定义为一个映射 $v:K^\times \to \mathbf{Z}$,满足以下条件:

(1) $v(xy)=v(x)+v(y)$.

(2) $v(x+y)\geqslant \min\{v(x),v(y)\}$.

根据约定,我们总是令 $v(0)=+\infty$,将赋值 v 扩充为一个映射 $K\to \mathbf{Z}\cup\{+\infty\}$. 本章通篇都不考虑零映射的平凡赋值. K 上两个赋值等价是指它们按比例变化可变为同一个赋值. 注意每个赋值可唯一地正规化为一个等价赋值,使它满射到 $\mathbf{Z}$ 上. 我们总是在赋值等价类上工作,并总是假定我们的赋值是以上述方法被正规化了的. 我们以 V_K 记 K 的赋值的集合.

例 7.1(p 进赋值) 假定 $K=\mathbf{Q}$,从 $p=2,3,5,\cdots$ 中固定一个素数. 设 x 是 $\mathbf{Q}$ 中非零元素,我们写

$$x=p^{v_p(x)}\cdot \frac{a}{b}$$

其中 $v_p(x)\in \mathbf{Z}$ 且 a,b 为满足 $(p,ab)=1$ 的非零整数. 也就是说 $v_p(x)$ 是唯一确定的正整数、负整数或零,它是在有理数 x 展开为不同素因子幂次乘积中出现 p 的幂次. 群同态 $v_p:\mathbf{Q}^\times \to \mathbf{Z}$ 给出了 $\mathbf{Q}$ 上的赋值,叫作 p 进赋值(p-adic valuation).

7.3.2 定义

我们的起始点是黎曼 Zeta 函数的欧拉乘积公式表达

$$\zeta(s)=\sum_{n=1}^{\infty}\frac{1}{n^s}=\prod_p\left(1-\frac{1}{p^s}\right)^{-1} \tag{6}$$

式(6)中乘积是对所有的素数 p 所取的.

我们的任务是将这个公式转换为用纯粹 $\mathbf{Q}$ 上的赋值术语表达的等价公式. 这样使我们可以考虑整体域上的 Zeta 函数,当这个域就是 $\mathbf{Q}$ 时,我们就回到了黎曼 Zeta 函数.

第一步是颇为直接的:奥斯特洛斯基(Ostrowski,1893—1986)有一个定理说,每一个 $\mathbf{Q}$ 上赋值都等价于上面所讨论的 p 进赋值 v_p. 于是我们可以对式(6)中乘积的指标集合加以变换,代替 $\mathbf{Q}$ 中所有素数,我们可以考虑乘积取在 $\mathbf{Q}$ 上的赋值集合. 不过,我们还需一些附加的定义.

假定我们有一个域 K,及 K 上的一个赋值 v. 我们可以定义 K 的子集 O_v,p_v 如下

$$O_v:=\{x\in K \mid v(x)\geqslant 0\}$$
$$p_v:=\{x\in K \mid v(x)>0\}$$

从赋值定义我们立刻看出,这二者都是 K 的加法子群.事实上,我们知道 O_v 是 K 的子环,而 p_v 是 O_v 中素理想,但这对我们眼前的目的并不重要,最重要的是我们可以作商 O_v/p_v,当这个商是有限时,我们可以定义 v 的范数

$$N_v := \#(O_v/p_v)$$

此时我们断言,对于 p 进赋值 v_p,有 $p = N_{v_p}$.

例 7.2(再说 p 进赋值) 我们看到 O_{v_p} 是分母与 p 互素的分数集合,而 p_{v_p} 是其中分子是 p 的倍数的分数子集.我们可以检验 O_{v_p}/p_{v_p},它是由 $0,1,\cdots,p-1$ 的等价类组成,所以我们得到 $N_{v_p} = p$ 这个断言.

我们可以重写黎曼 Zeta 函数为

$$\zeta(s) = \prod_{v \in V_\mathbf{Q}} \left(1 - \frac{1}{N_v^s}\right)^{-1} \tag{7}$$

这种形式立刻可以推广到整体域.实际上关键的事实是整体域中对任一赋值 v,商 O_v/p_v 只有有限多个元素,所以可以定义范数 N_v.于是给出了整体域 K,我们就可以定义 K 的整体 Zeta 函数 $\zeta_K(s)$ 如下

$$\zeta_K(s) = \prod_{v \in V_K} \left(1 - \frac{1}{N_v^s}\right)^{-1} \tag{8}$$

我们已经看到 $\zeta_\mathbf{Q}(s) = \zeta(s)$,因此 $\zeta_K(s)$ 是黎曼 Zeta 函数的合适的推广.

7.3.3 戴德金 Zeta 函数

黎曼假设在整体域中的各种各样的形式都有一个限定,那就是不能偏离预给的对象的个数.在椭圆曲线 E 的黎曼假设中,这个限定就是 E 的点数,如式(4)中所展示的.对经典的黎曼假设,如我们前面所讲的,这个限定就是在给定范围中的素数个数.这可以推广到数域的情形,这时的黎曼假设对于域的表达是限定为不偏离域中素理想的数值.我们简要介绍一下,数域中的 Zeta 函数怎样用素理想的术语重新写出来.

对于数域 K,我们有一个自然子环 O_K,叫作 K 的整数环.它是由 K 中满足 $\mathbf{Z}$ 上首项系数为 1 的方程的根所组成.特别地,高斯引理说 $O_\mathbf{Q} = \mathbf{Z}$(注意这绝不是显然的,甚至 O_K 是 K 的子环也不显然).现在我们转而将 p 进赋值概念扩充到 O_K 上,此时,我们必须用素理想 p 定义,而不是用素数 p.奥斯特洛斯基定理也可以推广为 K 上所有的非平凡赋值都是 p 进赋值 v_p.进一步,我们还可以稍微容易地验证,虽然 O_{v_p} 远比 O_K 大,但我们确有恒等式

$$\#(O_K/p) = \#(O_{v_p}/p_{v_p})$$

所以我们定义

$$N(p) := \#(O_K/p)$$

我们可重写 Zeta 函数(这时称之为数域 K 的戴德金 Zeta 函数 $\zeta_K(s)$)如下

$$\zeta_K(s) = \prod_p \left(1 - \frac{1}{N(p)^s}\right)^{-1} \qquad (9)$$

乘积是对 O_K 的所有非零素理想 p 实行的. 我们再次看到黎曼 Zeta 函数与 $\zeta_\mathbb{Q}(s)$ 是重合的.

为了作黎曼假设, 我们仍需将这种 Zeta 函数扩充到全平面上. 这要借助函数方程 $\zeta_K(s)$ 来完成. 尽管有由黎曼证明的众所周知的 $\zeta_\mathbb{Q}(s)$ 的函数方程, 还有为人所熟知的欧拉证明了当 $s=2,4,6,8$ 时 $\zeta_\mathbb{Q}(s)=0$, 并利用 $\zeta_\mathbb{Q}(s)$ 对 s 为实的情况, 重新证明了欧几里得关于素数无限性的定理, 但是直到 1917 年赫克才将黎曼 Zeta 函数的函数方程推广到任意数域 K 上. 戴德金对于 Zeta 函数的推广的黎曼假设 (GRH) 是说 $\zeta_K(s)$ 的非实零点都位于 $\operatorname{Re}(s) = \frac{1}{2}$ 这条线上, 其中 K 是一个数域.

7.3.4 有限域上的曲线及其 Zeta 函数

现在考虑一条曲线 C, 由 q 个元素的有限域 F_q 上的不可约多项式

$$F(x,y) = 0 \qquad (10)$$

所定义. 假设 K 是这条平面曲线 C 的函数域, 即整环 $F_q[x,y]/(F(x,y))$ 的商域.

这时发现 K 的赋值与 C 上的点密切相关, 其中点的坐标允许取自包含 F_q 的任一有限域中的元素. 基本思想是相当简单的: 我们可将 K 中元素视为 C 的有理函数, 如果两个有理函数 $G_1(x,y)/H_1(x,y)$ 和 $G_2(x,y)/H_2(x,y)$ 的分子与分母都是模 $F(x,y)$ 同余的, 这时我们就认为它们定义了 C 上同一函数. 如果我们选一个点 $P \in C$, 我们就能定义 K 上一个赋值 v_P, 对 K 中一函数, 我们就按着它在 P 上零点或极点的阶来定义赋值. 然而, 还有一些应当考虑的细节. 第一是 C 必须是完备的, 意思就是除了仿射平面上的点 C 以外, 我们须将无穷远包括到 C 中来. 第二是 C 必须处处 (包括无穷远点) 都是非奇异的. 这是为了保证函数零点的阶在各点上都是可以定义的. 为此, 我们从现在起永远假定曲线 C 是完备且非奇异的. 第三, 也是最本质一点是我们将会看到 C 上不同的点可能给出同一赋值.

在椭圆曲线的情形, 前两点都没有问题: 我们加上无穷远点一个点, 它可以被认为是坐标属于 F_q 的, 而且所有点都是非奇异的. 而第三点是真的, 而且甚至在直线情形也会发生.

例 7.3 (直线上的赋值) 由于具体的理由, 我们考虑 $F(x,y) = y$ 并且 $q=3$ 的情形. 我们有 $F_3[x,y]/(y) \cong F_3[x]$, 所以 $K \cong F_3(x)$. 这简单地对应于 F_3 上的仿射直线, 可看作为平面中的 x 轴. 这条曲线上的点由 x 的值唯一定义, 在 F_3 中, 或在 F_3 的任一扩域中 (严格地说, 我们也应将单个的无穷远点包括进

来,得到完备的非奇异曲线 $P^1_{F_3}$,在 F_3 上的射影直线. 但是这不影响本例子的内容). 注意,-1 在 F_3 中无平方根,所以设 i 是 -1 的平方根,我们有 $F_3[i] \cong F_{3^2}$. 关键是 K 中的有理函数都是系数在 F_3 中的,这意味着如果我们通过考虑在 i 处零点的阶而考察赋值 v_i,那么我们就得到一个很好的赋值(例如 $v_i(x^2+1)=1$),但作为 K 上的赋值,它与 v_{-i} 是等同的,因为任何一个系数在 F_3 上的有理函数中作为因子出现的 $x+i$ 与 $x-i$ 的个数应是相同的.

更一般地,上述正确的叙述对任一曲线 C 都成立,C 上的每一个点可定义一个 K 的赋值,而且每个 K 的赋值都能以这种形式产生. 但需要说明的是如果有一个 $P \in C$,坐标在 F_{q^m} 上,但 F_{q^m} 不是最小的域,则存在 m 个点给出同样的赋值 v_p. 我们能证明对这样的点,有 $N_{v_p}=q^m$.

这样,作为一个简单的习题就得出了用 C 上点的计数所表述的 Zeta 函数的如下的等价公式

$$\zeta_K(s) = \exp\Big(\sum_{m=1}^{\infty} N_m(C) \frac{q^{-ms}}{m}\Big) \tag{11}$$

其中 $N_m(C)$ 是 C 中坐标在 F_{q^m} 中的点. 这样一来,计算 C 的 Zeta 函数基本上就等价于计数 C 在各个 F_q 的有限扩张上的点数. 当表达式 $\zeta_K(s)$ 以 C 的点的计数来表述时,习惯上都写为 $Z_C(t)$,$t=q^{-s}$,我们以后将一直遵从此约定.

我们可以用这个定义计算上面考虑过的当 $q=3$ 时,F_q 上的射影直线 $C = P^1_{F_q}$ 的情形. $P^1_{F_q}$ 的坐标在 F_{q^m} 上的点数为 q^m+1,因为每个点或是 x 的值在 F_{q^m} 中,或者无穷远点. 于是在式(11)中 $N_m(C)=q^m+1$,计算中此时的 Zeta 函数是一个容易的习题

$$Z_{P^1_{F_q}}(t) = \frac{1}{(1-t)(1-qt)} \tag{12}$$

我们也能证明由式(2)给出的椭圆曲线 E 的 Zeta 函数原来就是式(3),即是我们先前给出的定义. 尽管证明不是那么容易的.

一个真实但很难证明的命题是对所有曲线 C,其 Zeta 函数是 q^{-s} 的有理函数,所以我们可以将其扩充成复数域 **C** 之上的亚纯函数,而且我们还可以叙述在函数域上的推广的黎曼假设,假设断言 $\zeta_K(s)$ 的所有零点位于 $\mathrm{Re}(s) = \frac{1}{2}$ 这条线上,其中 K 是 F_q 上一条曲线的函数域.

7.3.5 韦尔猜想

事实上,我们所描绘的蓝图不是只限于曲线的. 其实,我们可以将其推广到 F_q 上的高维的代数簇 V,用式(11)作为它的 Zeta 函数 $Z_V(t)$ 的定义,用 t 代替 q^{-s}. 在 1948 年,韦尔猜想过:

(1) $Z_V(t)$ 是 t 的有理函数.

(2)$Z_V(t)$ 满足一个预先给定形式的函数方程.

(3)$Z_V(t)$ 有一个清晰地描述方程,使得它蕴含着 $Z_V(q^{-s})$ 的零点位于几条线上,即
$$\text{Re}(s) = \frac{(2j-1)}{2}, j = 1, 2, \cdots, \dim V$$
也就是说黎曼假设(的类似物)成立.

曲线 Zeta 函数的有理性在 1931 年由施密特建立. 韦伊在 1948 年证明了对于曲线的黎曼假设. $Z_V(t)$ 的有理性是 1960 年由迪渥克(Dwork)证明的. 格罗腾迪克发现了一个将代数几何思想应用于抽象代数簇的方法,这导致了韦尔猜想最困难部分——高维代数簇的黎曼假设(1974 年由德林证明,他由于这个结果得到了菲尔兹奖).

7.4 哈塞定理的初等证明

现在我们证明哈塞定理(即不等式(4)),也就是有限域上椭圆曲线的黎曼假设. 证明基本上是马宁的,他的证明是在哈塞原来工作的基础上做的. 开始我们先假定 k 是任一域,只要不包含 F_2 和 F_3 为子域即可. k 上的椭圆曲线 E 是一个曲线
$$y^2 = x^3 + ax + b \quad (a, b \in k) \tag{13}$$
满足 $4a^3 + 27b^2 \neq 0$.

设 K 是包含 k 的任一域,则 $E(K)$ 由坐标在 K 中且满足式(13)的点和点 O(无穷远点)组成,它们形成一个阿贝尔群. 当 $k = \mathbf{Q}$ 且 $K = \mathbf{R}$,并设 $x^3 + ax + b$ 仅有一个实根时,这个群可从图 1 看到.

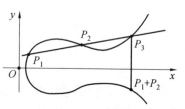

无穷远点 O 是在每条垂直线的两端. 两点 P_1 和 P_2 的和是 P_1 与 P_2 的连线(如 $P_1 = P_2 = P$ 就是曲线(13)过点 P 的切线)与曲线(13)的第 3 个交点对于 x 轴的反射点. 可以验证 O 是群中的零元素,点 (X, Y) 的逆是 $(X, -Y)$.

图 1

7.4.1 E 的扭曲线

为了证明有限域上椭圆曲线的黎曼假设,即不等式(4),我们将在与 E 密切相关的另一椭圆曲线上做些工作. 该曲线在函数域 $K = F_q(t)$ 上由
$$\lambda y^2 = x^3 + ax + b \tag{14}$$

所定义，其中
$$\lambda = \lambda(t) = t^3 + at + b$$
由方程(14)给出的椭圆曲线 E_λ 称为 E 的扭曲线.

设 $x(P)$ 记点 P 的 $x-$坐标，我们计算在 $E_\lambda(K) = \{(x,y) \in K^2 \mid \lambda y^2 = x^3 + ax + b\} \cup \{O\}$ 上的两点 P_1 和 P_2 之和的坐标 $x(P_1+P_2)$，$x(P_1+P_2)$ 用 $x(P_1)$ 和 $x(P_2)$ 表示的公式在不等式(4)证明中起了主导作用. 我们将某些情形(如 $x(P_1)=x(P_2)$，P_1 或 P_2 为 O 等)先搁置一旁，因为我们在证明中不需要它们.

设
$$P_j = (X_j, Y_j) \in E_\lambda(K), j=1,2$$
为计算 $x(P_1+P_2)$，我们写出过点 P_1 和 P_2 的直线方程，为
$$y = \left(\frac{Y_1 - Y_2}{X_1 - X_2}\right)x + l \tag{15}$$
为得到这直线与三次曲线的第三个交点 P_3 的 x 坐标 X_3，我们将式(15)代入(14)，得到
$$x^3 - \lambda\left(\frac{Y_1 - Y_2}{X_1 - X_2}\right)^2 x^2 + \cdots = 0 \tag{16}$$
因为 X_1, X_2, X_3 是方程(16)的三个解，方程(16)的左边是
$$(x - X_1)(x - X_2)(x - X_3) = x^3 - (X_1 + X_2 + X_3)x^2 + \cdots \tag{17}$$
比较式(16)和(17)中 x^2 的系数，可得
$$x(P_1 + P_2) = X_3 = \lambda\left(\frac{Y_1 - Y_2}{X_1 - X_2}\right)^2 - (X_1 + X_2) \tag{18}$$

7.4.2 弗罗伯尼映射

证明不等式中的关键步骤是弗罗伯尼(Frobenius,1849—1917)映射 Φ 和它的基本性质. 对于一个固定的 q，设 K 是以 F_q 为子域的任一个域. 我们定义 $\Phi = \Phi_q : K \to K$ 为由 $\Phi(X) = X^q$ 给出的函数.

我们总结了定理中所需要的弗罗伯尼映射的若干性质：

弗罗伯尼映射 $\Phi(X) = X^q$ 有下列性质：

(i) $(XY)^q = X^q Y^q$.

(ii) $(X+Y)^q = X^q + Y^q$.

(iii) $F_q = \{\alpha \in K \mid \Phi(\alpha) = \alpha\}$.

(iv) 对于 $\phi(t) \in F_q(t)$，$\Phi(\phi(t)) = \phi(t^q)$.

虽然在我们证明哈塞不等式中没有用到性质(iii)，但性质(iii)意味着 $E(F_q)$ 由被 Φ 固定的点所组成. 在其他哈塞不等式的证明中会直接用到这个事实.

证明 (i) 是平凡的.

(ii) 我们对 $r = \log_p q$ 用归纳法. 如果 $r=1, q=p$, 那么

$$(X+Y)^p = \sum_{j=0}^{p} \binom{p}{j} X^j Y^{p-j}$$

对于 $0 < j < p$, 二项系数 $\binom{p}{j}$ 对某个整数 m 满足

$$\binom{p}{j} = \frac{p!}{j!(p-j)!} = p \cdot m$$

这是因为在分母中没有一个因子可以消去分子中的 p, 而且 $\binom{p}{j}$ 又是整数. 因为对所有 $\alpha \in K$ 有 $p\alpha = 0$, 就得到 $r=1$ 时性质(ii) 成立. 对于 $r > 1$, 由归纳假定得

$$(X+Y)^q = ((X+Y)^{p^{r-1}})^p = (X^{p^{r-1}} + Y^{p^{r-1}})^p = X^q + Y^q$$

(iii) F_q 是非零元素全体 $F_q^\times$ 构成阶为 $q-1$ 的乘法群, 因此由初等群论, 有 $\alpha^{q-1} = 1$, 对 $\alpha \in F_q^\times$. 这就是说 F_q 中每个元素是次数为 q 的多项式 $t^q - t = t(t^{q-1} - 1)$ 的根. 由于一个 q 次多项式根的数目不能多于 q, 因此 F_q 恰由 K 中为 $t^q - t$ 的根的元素组成. 这就证明了性质(iii).

(iv) 由性质(i)(ii) 和 (iii) 立刻可得到.

7.4.3 椭圆曲线的计数

回到 $K = F_q(t)$, 我们现在展现如何从弗罗伯尼映射 Φ_q 的性质并利用椭圆曲线 $E_\lambda(K)$ 去计算方程 $y^2 = x^3 + ax + b (a, b \in F_q, q = p^r, 4a^3 + 27b^2 \neq 0)$ 的解 (x, y) 的个数, 其中 $x, y \in F_q$.

显然 $(t, 1)$ 和它的加法逆 $-(t, 1) = (t, -1)$ 是在 $E_\lambda(K)$ 上的. 利用弗罗伯尼映射的性质, 也很清楚, 点

$$P_0 = (t^q, (t^3 + at + b)^{\frac{q-1}{2}})$$

是属于 $E_\lambda(K)$ 的.

现在定义一个次数函数 d, 利用它我们可以最终证明一个二次多项式没有实根. 它的判别式在证明不等式(4) 中起关键作用. 对于 $n \in \mathbf{Z}$, 设

$$P_n = P_0 + n(t, 1)$$

加法是在 $E_\lambda(K)$ 中相加. 定义 $d: \mathbf{Z} \to \{0, 1, 2, \cdots\}$ 如下

$$d(n) = d_n = \begin{cases} 0, & \text{若 } P_n = 0 \\ \deg(\text{num}(x(P_n))), & \text{对其他点} \end{cases}$$

这里 $\text{num}(X)$ 是有理函数 $X \in F_q(t)$ 的分子, 取次数要在分式约简后. 3 个相继整数的次数函数值满足下列等式:

基本恒等式
$$d_{n-1} + d_{n+1} = 2d_n + 2 \tag{19}$$

证明式(4)的关键是下列关于次数函数与 N_q 的关系的定理,其中数 N_q 是 $y^2 = x^3 + ax + b (a, b \in F_q, 4a^3 + 27b^2 \neq 0)$ 在 F_q 中的解 (x, y) 的个数.

定理 7.1
$$d_{-1} - d_0 - 1 = N_q - q \tag{20}$$

证明 设 $X_n = x(P_n)$,因为 $P_0 \neq (t, 1)$,我们有 $P_{-1} \neq O$,所以
$$d_{-1} = \deg(\operatorname{num}(X_{-1}))$$

由式(18)得到
$$X_{-1} = \frac{(t^3 + at + b)((t^3 + at + b)^{\frac{q-1}{2}} + 1)^2}{(t^q - t)^2} - (t^q + t)$$
$$= \frac{t^{2q+1} + \text{较低次项}}{(t^q - t)^2} \tag{21}$$

后一表达式是通过前一式通分,取公分母 $(t^q - t)^2$ 并利用弗罗伯尼映射的性质(iv)得到的.我们希望在最后表达式中消去了任何公因子.因为 $t^q + t$ 一项是没有分母的,只要消去前式在第一项的公因子就足够了.

从弗罗伯尼映射的性质(iii)的证明过程可知,它等价于说 F_q 恰由 $t^q - t$ 的 q 个根组成,因此
$$t^q - t = \prod_{\alpha \in F_q} (t - \alpha)$$

所以为计算 d_{-1} 我们必须消去下列分式中的公因子
$$\frac{(t^3 + at + b)((t^3 + at + b)^{\frac{q-1}{2}} + 1)^2}{\prod_{\alpha \in F_q} (t - \alpha)^2}$$

可从分母中消去的因子只可能是下列两者之一:

(i) $(t - \alpha)^2$ 与 $(\alpha^3 + a\alpha + b)^{\frac{q-1}{2}} = -1$.

(ii) $(t - \alpha)$ 与 $\alpha^3 + a\alpha + b = 0$.

(注意根据假设 $t^3 + at + b$ 无重根). 设

$m = $ 第 1 类因子个数

$n = $ 第 2 类因子个数

由于第 1 类因子与第 2 类因子是互素的,所以
$$d_{-1} = 2q + 1 - 2m - n$$

因为 $d_0 = q$,于是给出
$$d_{-1} - d_0 - 1 = q - 2m - n \tag{22}$$

若一个 $\alpha \in F_q$ 使 $\alpha^3 + a\alpha + b$ 为非零平方元,则给出 $y^2 = x^3 + ax + b$ 的两个根,当 $\alpha^3 + a\alpha + b = 0$ 时只能给出 $y^2 = x^3 + ax + b$ 的一个解.由欧拉判别法可知

$a^3+a\alpha+b$ 是非平方元,当且仅当 $(a^3+a\alpha+b)^{\frac{q-1}{2}}=-1$,所以 m 是计数的那些不对应 $y^2=x^3+ax+b$ 的任一解的元素个数.因此

$$N_q=2q-n-2m$$

或者

$$N_q-q=q-2m-n \tag{23}$$

等式(20)从式(22)和(23)得出.

定理 7.2 次数函数 $d(n)$ 是 n 的一个二次多项式,事实上有

$$d(n)=n^2-(d_{-1}-d_0-1)n+d_0 \tag{24}$$

证明 对 n 用归纳法.对 $n=-1$ 和 0,式(24)是平凡的.由基本恒等式和归纳假定

$$\begin{aligned}d_{n+1}&=2d_n-d_{n-1}+2\\&=2(n^2-(d_{-1}-d_0-1)n+d_0)-\\&\quad((n-1)^2-(d_{-1}-d_0-1)(n-1)+d_0)+2\\&=(n+1)^2-(d_{-1}-d_0-1)(n+1)+d_0\end{aligned}$$

另一方向的归纳步骤是类似的.

黎曼假设的证明 我们考虑二次多项式

$$d(x)=x^2-(N_q-q)x+q$$

的两个根 x_1,x_2.如果不等式(4)不成立,那么 x_1,x_2 是两个不同的实根,可设 $x_1<x_2$.同时,从 $d(x)$ 的构造知它只能在 $\mathbf{Z}$ 上取非负整数值,所以必然存在某个 $n\in\mathbf{Z}$,使得

$$n\leqslant x_1<x_2\leqslant n+1 \tag{25}$$

因为 $d(x)$ 的系数在 $\mathbf{Z}$ 中,我们知 x_1+x_2 和 $x_1\cdot x_2\in\mathbf{Z}$,所以

$$(x_1-x_2)^2=(x_1+x_2)^2-4x_1x_2\in\mathbf{Z}$$

又因式(25)成立,我们必有

$$x_1=n, x_2=n+1$$

注意 $x_1x_2=q$ 是一素数的幂,这成立必须 $q=2,n=1$ 或 -2,这是矛盾的,因为我们一直假定 $p\neq 2$.我们的结论是式(4)必须成立,这正是我们所要的.

椭圆曲线上的有理点个数[①]

第八章

簇上的有理点问题是现代算术几何的一个重要研究内容，并且在很大程度上促进了现代算术几何研究的发展. 对于有理数域 **Q** 上的一条椭圆曲线，其有理点的集合构成一个有限生成的阿贝尔群，遍历所有的椭圆曲线，这些群的秩被猜想均匀分布在秩 0 和秩 1 上，而在更高的秩上的分布可以忽略不计. Wei Ho 研究了这些猜想并讨论了一些关于平均秩的界的结果，其中着重讨论 Bhargava 和 Shankar 最近的工作.

8.1 引　　言

近十年中，以不变量理论、闵科夫斯基数的几何为代表的一些古典方法再度受到重视，被应用到数论的许多问题中. 特别地，近来提出的算术不变量理论（arithmetic invariant theory）基本可以被认为是关于群在环上或非代数闭域上（尤其是在整数环 **Z** 上或有理数域 **Q** 上）表示的轨道的研究. 将这种思路与改进了的数的几何方法结合起来解决一些算术统计（*arithmetic statistics*）问题（另一个新术语）成果丰硕.

也许这一现象最早的例子对于许多数论学家来说都是熟

[①] 译自：Bulletin (New Series) of the AMS, Vol. 51(2014), No. 1. p. 27-52, How many Rational Points Does a Random Curve Have? Wei Ho, figure number 5.

知的:利用高斯对于二元二次型等价类与二次环理想类关系的研究(见后文参考资料(Gau01)),梅尔滕斯(Mertens,1840—1927)和西格尔确定了二次域的理想类群的渐近性质(见后文参考资料(Mer74),(Sie44)).也就是说,高斯发现了作用在整二元二次型构成的空间 $\mathrm{Sym}^2(\mathbf{Z}^2)$ 上的群 $\mathrm{GL}_2(\mathbf{Z})$ 轨道的算术解释,而梅尔滕斯和西格尔利用数的几何方法去"数"这些轨道,从而数清了这些参数化的算术对象的个数.

得到对于二元三次型的类似结论用了很多年时间.杰洛涅(Delone,1890—)和法捷耶夫(Faddeev)发现了整二元三次型的等价类与三次环的同构类可以对应参考资料(DF64),而后达文波特(Davenport,1907—1969)和海尔布罗恩(Heilbronn,1908—1975)利用数的几何方法计算出了对三次环以及三次域的渐近性参考资料(DH69).例如,他们证明了三次域中判别式在 $-X$ 与 X 之间的同构类数为

$$\frac{1}{3\zeta(3)}X+o(X),$$

其中 $S(s)$ 为黎曼 Zeta 函数.因为类域论将确定的三次域与二次域的 3－挠(3-torsion)理想类联系起来,达文波特和海尔布罗恩同时利用筛法得到了二次域的理想类群的 3－部分(3-part)的平均大小.事实上,在许多年的时间内,这是关于理想类群如何分布的 Cohen-Lenstra 直观推测(见后文参考资料(CL84))唯一得到证明的一种情形.

算术不变量中接下来一个重要的步骤即为由赖特(Wright)和 Yukie 开始的计划,他们证明了很多表示都有一个简单的不变量理论的性质,即一个域上的轨道对应域的扩张(见后文参考资料(WY92),(KY97),(Yuk97)).他们处理这些统计问题的方法是研究这些表示的 Zeta 函数(由 Sato 和 Shintani 定义(见后文参考资料(SS74))的性质.虽然用这个方法得到了一些表示的渐近性的结果,然而一般来说分析这些 Zeta 函数是十分复杂和困难的.

最近以来,Bhargava 在这一问题的两个方面都取得了很大的进展,首先在一系列论文(参看(Bha04a),(Bha04b),(Bha04c),(Bha08)中给出了许多表示整轨道参数化的例子,其中包括赖特和 Yukie 的工作.同时他改进了数的几何方法从而能够求出四次环和五次环以及(广义)Cohen-Lenstra 直观推测的其余情形的渐近情况(参看(Bha05),(Bha10)).这些结果得出了令人惊讶的推论,例如伽罗瓦群为二面体群 D_4 的四次域在所有四次域里所占比例为正数,其中序由判别式决定.

 与此相对,当四次的代数数根据其首 1 的极小多项式的系数大小来排序时,希尔伯特不可约定理表明由伽罗瓦群 S_4 生成的域的密度为 1.——原注

第八章 椭圆曲线上的有理点个数

本章的核心内容在于叙述 Bhargava 和 Shankar——(BS10a) 如何成功地将这一想法 —— 将算术不变量理论与数的几何结合起来用以研究统计问题 —— 应用于二元四次型的情形,从而得到关于椭圆曲线秩分布的结果.

在 8.2 节,我们首先从关于曲线,尤其是椭圆曲线上的有理点的背景知识开始介绍;对这些内容熟悉的读者当然可以直接略过这一节. 8.3 节关于椭圆曲线秩分布的一些精确的猜想;对于对算术统计不熟悉的读者,这一节将展示这一学科中一些问题 —— 以及所引起的复杂性 —— 的大体风格和情况. 作为本章的核心,8.4 节将概述后文参考资料(BS10a)中 Bhargava 和 Shankar 提出的定理所基于的主要思想. 最后在 8.5 节中,我们将介绍近几年内其他相关的发展,包括一些有意思的推论和推广,例如亏格更高的曲线的情形.

8.2 簇上的有理点

求多项式方程的解是数学最古老的问题之一,在近几个世纪中,数学家们给出了这个问题的正式定义,并建立了严格的语言来讨论这一问题的不同的变形形式. 虽然在最近几十年内我们对这些解的结构的理解有了很大进步,但是在现代算术几何的前沿研究中,仍然有许多基本的未解决问题存在.

考虑最简单的一种情形. 设 $f(x_1,\cdots,x_n)$ 是系数在 $\mathbf{Q}$ 中的多项式,我们希望找到满足 $f=0$ 的有理解,即一组有理数 $a_1,\cdots,a_n \in \mathbf{Q}$ 满足 $f(a_1,\cdots,a_n)=0$. 用几何的语言来叙述这个问题,设 X 是由 f 定义的簇,X 在几何的观点下可以被看成是 f 的零点轨迹(zero locus),或是 $f=0$ 在 $\mathbf{C}^n$ 中的解,则当 f 不是常数时,X 是 $n-1$ 维的. 这样,我们的问题可以被表述为求 X 上的有理点,并且我们将这些有理点的集合记为 $X(\mathbf{Q})$. 特别地,我们可能会考虑如下一些问题:

(1) X 上是否存在有理点?
(2) 能否给出 X 上所有有理点的描述?
(3) 如果只有有限多个有理点,能否一一列举这些点?
(4) 如果 $X(\mathbf{Q})$ 是无限集合,能否决定 $X(\mathbf{Q})$ 的结构?

当我们进而考虑有限多个多项式 $f_1,\cdots,f_m \in \mathbf{Q}[x_1,\cdots,x_n]$ 的情形时,可以类似地定义簇 X 为所有这些多项式 f_i 在 $\mathbf{C}^n$ 中的公共零点轨迹. 一般来说对于这样的 f_i,X 的维数为 $n-m$,只要 $n-m$ 为非负数且不等于 0;就经验法则而言,每多加一个多项式所限定的条件都会使得 X 的维数减 1.

注记 8.1 当我们只考虑定义在 $\mathbf{Q}$ 上的簇,即由系数在 $\mathbf{Q}$ 中的多项式所定义的簇时,我们所讨论的许多结果在其他数域上也有类似的结论.

即使考虑 X 为一维的情形,数学家还是没有完全理解 X 上有多少有理点.

在本章中，我们仅考虑这一情形，这里我们总假定 X 是一条曲线.

8.2.1 亏格的三类不同情形

代数曲线的算术和几何都离不开一个重要的不变量，称为亏格. 定义一条曲线的亏格的方式有很多，其中最符合直观的是拓扑学中的定义. 一条如上文所定义的光滑的曲线 X 可以被看作是一个只有有限多个孔的黎曼曲面[①]；如果采取合理的紧化方法填满这些孔，那么在所得到的紧黎曼曲面上就可以定义一个拓扑亏格，其本质就是该曲面上的"洞"或是"柄". 例如，同胚于球体（经过紧化）的复曲线的亏格为 0，而亏格为 1 的曲线形状类似于一个面包圈的表面（图1）.

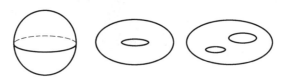

图 1　从左至右：亏格为 0,1 和 2 的曲线

为简单起见，在后文中我们总假设曲线 X 是紧的，[②]没有奇点，[③]并且是连通的.

曲线的许多性质都取决于曲线的亏格为 0,1，或者是大于或等于 2，表 1 给出了这三种情形所对应的一些性质，这些性质涉及从微分几何到算术的一些不同数学领域.

表 1

	亏格 0	亏格 1	格 $\geqslant 2$
曲率	正	0	负
典范丛	反丰富	平凡	丰富
小平邦彦（Kodaira）维数	$\kappa = -\infty$	$\kappa = 0$	$\kappa = 1$
自同构群	三维	一维	有限
有理点	哈塞原理	有限生成	有限多

下面我们将比较详细地讨论表 1 中的最后一行内容.

亏格为 0 的曲线. 对于亏格为 0 的曲线，只有没有任何有理点和有无限多个

---

① 一条光滑曲线上的复点构成一个二维的实流形. —— 原注
② 换言之，我们将总是考虑对射影曲线的研究. —— 原注
③ 直观地，曲线上的奇点即为一个在该处不光滑的点，例如像一个结点或一个尖点. 更准确地说，奇点是一个沿曲线有多于一个切线方向的点. —— 原注

有理点这两种情形. 对任意给定的曲线, 利用哈塞原理或局部到全局原理很容易判断其属于哪一种情形: 一条亏格为 0 的曲线 X 上有有理点, 当且仅当 X 上有一个处处局部的点, 即定义 X 的方程在实数域 $\mathbf{R}$ 上以及所有 p 进数域 $\mathbf{Q}_p$ 中都有解, 其中 p 为任意的素数. 如果不存在 $\mathbf{Q}_p$ 上的点, 那么通常是因为对模 p 的方幂存在一个阻碍 (obstruction).

例 8.1 令 X 为多项式 $f = x^2 + y^2 - 3$ 等于 0 的方程所给出的曲线. 如果存在 $f = 0$ 的有理解, 则消去分母可得存在互素的整数 r, s 和 t, 使得 $r^2 + s^2 = 3t^2$: 由于整数的平方模 4 只能同余于 0 或 1, 对这个方程模 4 则可知 r^2 和 s^2 模 4 都同余于 0, 从而推出了 r, s 和 t 都是偶数, 这与假设的互素性质矛盾. 因此方程 $f = 0$ 存在模 4 的阻碍, 故 X 没有二进整数环 $\mathbf{Z}_2$ 上或是二进数域 $\mathbf{Q}_2$ 上的点, 从而没有有理点.

事实上, 检验是否存在局部的阻碍只需有限个步骤. $\mathbf{Q}$ 上任意亏格为 0 的曲线都同构于一条令具有如下形式的多项式

$$ax^2 + by^2 + c \tag{1}$$

等于 0 的方程所出的 (紧的) 二次平面曲线, 其中 a, b 和 c 是无平方因子的两两互素的整数. 勒让德的一个定理证明了式 (1) 有有理解, 当且仅当 a, b 和 c 不是全部同号, 并且 $-ab$ 是模 c 的二次剩余, $-bc$ 是模 a 的二次剩余, $-ac$ 是模 b 的二次剩余.

如果二次曲线上存在一个有理点 P, 那么曲线上其他有理点都可以通过求过点 P 的有理数斜率的直线与二次曲线的交来得到.

例 8.2 如图 2, 如果 X 由方程 $x^2 + y^2 - 2 = 0$ 给出, 那么容易验证点 $(x, y) = (1, 1)$ 在 X 上. 作过点 $(1, 1)$ 的斜率为有理数 (或无限) 的直线, 则可得到其他有理点的参数表示, 并且容易计算 $X(\mathbf{Q})$ 是点 $(1, -1)$ 以及所有形如

$$\left(\frac{r^2 - 2r - 1}{r^2 + 1}, \frac{-r^2 - 2r + 1}{r^2 + 1} \right)$$

的点的并集, 其中 $r \in \mathbf{Q}$.

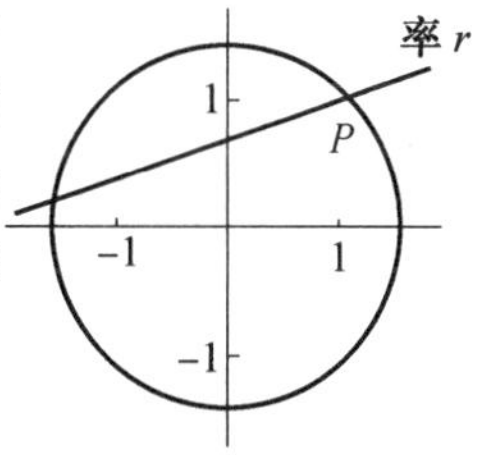

图 2

利用计算机代数软件中的快速算法, 也可以找到所有的解.

亏格至少为 2 的曲线. 莫德尔于 1922 年提出的猜想预言了亏格大于或等于 2 的曲线上只有有限多个有理点; 这个猜想后来被法尔廷斯 (Faltings) (参看 (Fal83)) 证明 (作为一个结论更强的定理的推论).

定理 8.1 (Faltings 1983) 令 X 为亏格大于或等于 2 的 $\mathbf{Q}$ 上的曲线, 则 X 上有理点的集合 $X(\mathbf{Q})$ 为有限集.

这个定理最初的证明应用了 $p-$可除群理论、阿拉克洛夫 (Arakelov) 理论

以及模理论等高等方法,而在稍后由 Vojta(参看(Voj91)),Faltings(参看(Fal91))以及 Bombieri(参看(Bom90))等人提出的证明和改进中则应用了丢番图逼近的方法.然而这些证明都不能有效地列出 $X(\mathbf{Q})$ 中所有的点.求解实际问题时,综合运用诸如 Chabauty 方法,Brauer-Manin 阻碍以及下降方法通常能够产生 $X(\mathbf{Q})$ 中的点.在 8.5 节中,我们将概述在求亏格大于或等于 2 的曲线上有理点个数的界方面的最新进展.

亏格为 1 的曲线. 亏格为 1 的曲线到目前为止是算术上最为丰富、最为复杂同时也是未知最多的一种情形.一条亏格为 1 的定义在 $\mathbf{Q}$ 上的曲线可能没有有理点,可能有有限个有理点,也可能有无限个有理点——并且很难对这三种情况做出判定.诸如哈塞原理等对于其他亏格适用的方法不再成立,即存在很多亏格为 1 的曲线有处处局部的点,然而没有全局的有理点.

$\mathbf{Q}$ 上有一个给定的有理点的亏格为 1 的曲线被称为椭圆曲线.在下一目中我们将更为详细地介绍椭圆曲线上有理点的结构.

8.2.2 椭圆曲线上的有理点

$\mathbf{Q}$ 上的一条椭圆曲线同构于一个如下形式的魏尔斯特拉斯方程

$$y^2 + a_1 xy + a_3 y = x^3 + a_2 x^2 + a_4 x + a_5 \tag{2}$$

的零点轨迹的射影闭包,其中所有的 $a_i \in \mathbf{Q}$. 对于非奇异曲线,则方程(2)可以被转化为(在 $\mathbf{Q}$ 上)短(short)魏尔斯特拉斯形式

$$y^2 = x^3 + Ax + B \tag{3}$$

其中 $A, B \in \mathbf{Q}$,且判别式 $\Delta = -16(4A^3 + 27B^2) \neq 0$;判定式不等于 0 保证了曲线是非奇异的.有一个预先给定的有理点即"无穷远点",记为 O. 我们称由式(3)给出的椭圆曲线的高(height)为

$$\mathrm{ht}(E) := \max(4|A|^3, 27B^2)$$

许多这样的方程都定义了同构的椭圆曲线.特别地,对于 $t \in \mathbf{Q}^\times$,将 x 和 y 分别用 xt^{-2} 和 yt^{-3} 带入方程(3),则可得到一个新的方程

$$y^2 = x^3 + t^4 Ax + t^6 B$$

也就是说,群 $\mathbf{Q}^\times$ 作用在所有具有(3)形式的判别式不为 0 的方程所组成的空间上.为了找到每个 $\mathbf{Q}^\times$-轨道的一个代表方程,我们定义极小(minimal)魏尔斯特拉斯方程为具有式(3)的形式,并满足 $A, B \in \mathbf{Z}$,且不存在素数 p,使得 p^4 整除 A, p^6 整除 B. 每一个 $\mathbf{Q}$ 上的椭圆曲线都有一个唯一的极小魏尔斯特拉斯模型,极小魏尔斯特拉斯模型的判别式被称为原椭圆曲线的极小判别式.

魏尔斯特拉斯方程在给定的域中有很好的结构.正如前面讨论的,椭圆曲线上的复数点构成了一个又一个"洞"的圆环,而其实数点在 $\mathbf{R}^2$ 中构成一条光滑的曲线,可能有一个或两个分支,其形状见图 3.

图 3　椭圆曲线 $y^2 = x^3 - x + 1$ 上的实点(左)以及 $y^2 = x^3 - x$ 上的实点(右)

群定律. 一个令人惊讶的很漂亮的结论是在一个给定的域中所有的解构成一个群! 而对于有理点,下面由莫德尔提出的定理则给出了一个更强的结论:

定理 8.2(**莫德尔** 1922)　设 E 是定义在 $\mathbf{Q}$ 上的椭圆曲线,则 E 的有理点集合 $E(\mathbf{Q})$ 构成一个有限生成的阿贝尔群,即存在非负整数 r 和有限阿贝尔群 $E(\mathbf{Q})_{\text{tors}}$,使得

$$E(\mathbf{Q}) = \mathbf{Z}^r \oplus E(\mathbf{Q})_{\text{tors}} \tag{4}$$

在椭圆曲线上的点构成的群中,无穷远点 O 为单位元,这一点用几何语言很好叙述. 如图 4 是短魏尔斯特拉斯形式的椭圆曲线的图像,过两点 P_1 和 P_2 作一条直线 L,由贝祖定理或由直接计算可知,L 与椭圆曲线交于第三个点 P_3,而过点 P_3 的与 x 轴垂直的直线交椭圆曲线于另外的一点,这一点即为 P_1 和 P_2 的合成 $P_1 + P_2$.

也就是说,任意直线 L 与椭圆曲线的三个交点 P_1,P_2 和 P_3(不一定都不同)在群定律下的和为单位元. 单位点 O 可能是这些点中的一个,例如垂直于 x 轴的直线与椭圆曲线交于点 O,点 P 以及点 P 的负元. 另外,如果 P_1 和 P_2 都是有理点,那么直线 L 的斜率为有理数,从而 $P_1 + P_2$ 也是有理点.

对于 $\mathbf{Q}$ 上的椭圆曲线 E,$E(\mathbf{Q})$ 的挠子群 $E(\mathbf{Q})_{\text{tors}}$ 的结构是清楚的,该结论由下面马祖尔所提出的深刻的定理给出.

定理 8.3(**马祖尔** 1977)　对于定义在 $\mathbf{Q}$ 上的椭圆曲线 E,挠子群 $E(\mathbf{Q})_{\text{tors}}$ 只有以下几种可能

$\mathbf{Z}/d\mathbf{Z}$,当 $1 \leqslant d \leqslant 10$ 或 $d = 12$ 时

$\mathbf{Z}/2\mathbf{Z} \times \mathbf{Z}/2d\mathbf{Z}$,当 $1 \leqslant d \leqslant 10$ 时

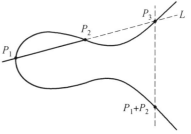

图 4　椭圆曲线上的群定律

由定理 8.3 以及希尔伯特不可约性定理知,几乎所有[①]椭圆曲线都有平凡的挠子群,并且有精确的方法可以快速计算给定的椭圆曲线的挠子群. 例如短魏尔斯特拉斯形式的椭圆曲线上的有理 2 — 挠点可以由分解(3)中右边的 $\mathbf{Q}$ 上三次多项式得到.

---

① 这里,"几乎所有"意味着当序由高决定时,平凡挠子群的曲线的密度为 1. —— 原注

例 8.3 椭圆曲线 $y^2 = x(x-1)(x-2)$ 有有理 2-挠子群 $\mathbf{Z}/2\mathbf{Z} \times \mathbf{Z}/2\mathbf{Z}$,该子群由点 $(0,0),(1,0),(2,0)$,以及 O(作为单位元)组成. 而椭圆曲线 $y^2 = x(x^2+x+1)$ 的有理 2-挠点只有 $(0,0)$ 以及 O.

相对地,式 (4) 中记作 r 的 $E(\mathbf{Q})$ 的秩极为神秘,甚至连是否存在任意大的秩也还不清楚;目前所知的记录是存在秩至少为 28 的椭圆曲线(由 Elkies(Elk07) 提出). 一般来说,要证明一条给定的椭圆曲线的秩为一个确切的数是十分困难的,不过利用 L-函数的计算可以给出一个推测的答案,下面我们对此作一个简要的叙述.

解析秩. $\mathbf{Q}$ 上的椭圆曲线 E 的 L-函数 $L(E,s)$ 是一个狄利克雷级数,该级数由一个与 E 在域 F_p 上的约化上的 F_p-点的个数 N_p 相关的欧拉乘积公式给出,其中 p 遍历所有的素数

$$L(E,s) := \prod_{\text{好}\,p} \frac{1}{1 - a_p p^{-s} + p^{1-2s}} \prod_{\text{坏}\,p} \frac{1}{1 - a_p p^{-s}} = \sum_{n \geq 1} a_n n^{-s}$$

其中对"好"素数 p,有

$$a_p = 1 + p - N_p$$

而对于有限个"坏"素数 p,有

$$a_p = -1, 0, 1$$

由怀尔斯等人的工作(参看 (Wil95),(TW95),(BCDT01))可知 L-函数可以被扩充为整个复平面上的函数,并且

$$\Lambda(E,s) := \text{cond}(E)^{s/2} (2\pi)^{-s} \Gamma(s) L(E,s)$$

满足如下的函数方性

$$\Lambda(E,s) = u_E \Lambda(E, 2-s)$$

其中 $\text{cond}(E)$ 为 E 的不变量,称为导子 (conductor),根数 (root number) u_E 取值为 $+1$ 或 -1.

使得 L-函数 $L(E,s)$ 在 $s=1$ 处等于零的阶称为 E 的解析秩 (analytic rank). 伯奇和斯温纳顿-戴尔猜想(简称 BSD)(参看 (BSD63),(BSD65)) 断言,E 的解析秩与前面定义的 E 的秩相等. 事实上,一个更强的结论给出了当 $s=1$ 时泰勒展开式中的首项系数由 E 的不变量表示的公式,这些不变量包括泰特-沙法列维奇 (Tate-Shafarevich) 群 $\text{III}(E)$,我们将在 8.3 节中对其进行讨论.

因此,若假设 BSD 猜想成立,则可以通过考察椭圆曲线的解析秩来研究椭圆曲线的秩,即我们可以方便地计算当 $s=1$ 时 $L(E,s)=0$ 的阶数.

8.3 椭圆曲线的秩

在本章的剩余部分中我们将主要研究关于椭圆曲线秩的分布的猜想和结论,也就是说如果我们随机地选择一条椭圆曲线,那么我们如何预估它的秩呢?

8.3.1 密度与均值

为了能够严格地叙述我们的问题,我们必须明确在这个问题中的"随机"是什么意思. 首先,我们希望利用某些不变量在椭圆曲线的(无穷)集合上定义一个序,例如利用导子或极小判别式可以给出椭圆曲线的同构类的一个序,或利用高或判别式可以给出短魏尔斯特拉斯方程的一个序.

在所有这些情形中,当给定不变量的绝对值的一个正数界 X 时,我们的研究对象只有有限多个(例如椭圆曲线的同构类或是整系数的短魏尔斯特拉斯方程). 当不变量为判别式或导子时,该有限性质是由西格尔关于椭圆曲线上 $S-$整点有限的经典定理保证的(参看(Sie66)). 因此我们有如下商的定义

$$P(不变量, X, 秩 = i) := \frac{\#\{不变量 \leqslant X \text{ 和秩为 } i \text{ 的椭圆曲线 } E\}}{\#\{不变量 \leqslant X \text{ 的椭圆曲线 } E\}}$$

其中不变量可以是导子,判别式的绝对值或是高. 接下来一个可能的问题是当 X 趋向于无穷时,上述 $P(不变量, X, 秩 = i)$ 是否收敛?如果收敛,那么我们可以将其极限

$$P(不变量, 秩 = i) := \lim_{X \to \infty} P(不变量, X, 秩 \ E = i)$$

定义为秩为 i 的椭圆曲线的密度(density)(或等价地,一条椭圆曲线具有秩 i 的概率),其中序由不变量决定. 我们可以利用上极限(lim sup)或下极限(lim inf)分别地定义下密度或上密度.

进一步,当极限

$$\lim_{X \to \infty} \sum_{i \geqslant 0} i \cdot P(不变量, X, 秩 = i) = \lim_{X \to \infty} \frac{\sum_{E\text{的不变量} \leqslant X} 秩 E}{\sum_{E\text{的不变量} \leqslant X} 1}$$

存在时,我们将其定义为椭圆曲线的平均秩(average rank),其序由不变量决定. 同样地,如果考虑下极限 lim inf 或上极限 lim sup,则我们可以分别定义下均值或上均值;有时我们也将下均值和上均值分别称为平均秩的下极限和上极限.

类似地,我们也可以定义与椭圆曲线相关的其他量的分布均值或高阶矩.

8.3.2 极小值猜想

关于椭圆曲线秩的分布的基本猜想所基于的想法是椭圆曲线上除了必然存在的点外没有更多的点.

被普遍认为正确的奇偶性猜想是 BSD 猜想的一个较弱的形式的推论,该猜想断言椭圆曲线秩的奇偶性与解析秩的奇偶性相同,即使当 $u_E = \pm 1$ 时也成立. 同样地,我们希望根数 u_E 以 1/2 的概率为 +1,以 1/2 的概率为 -1. 由此我们有如下的猜想:

极小值猜想 秩为 0 的椭圆曲线和秩为 1 的椭圆曲线的密度都为 1/2.

上述论述中并没有指明如何定义序,一般猜想对于任意的合理定义的序(如 8.3.1 且中所定义的序)该结论都成立. 注意由极小值猜想,对于秩为 i 的椭圆曲线, $i \geqslant 2$,,其密度都为 0.

极小值猜想的第一个版本是由 Goldfeld 于 1979 年针对椭圆曲线的二次扭曲(twist)曲线族提出的(参看(Gol79)). 给定一个如式(3)的短魏尔斯特拉斯形式的椭圆曲线 E,定义其关于非零的无平方因子整数 d 的二次扭曲曲线 E_d 为椭圆曲线 $y^2 = x^3 + d^2 Ax + d^3 B$,则 Goldfeld 猜想(参看(Gol79))断言,对于固定的椭圆曲线 E,椭圆曲线 E_d 的平均秩为 $\frac{1}{2}$,其中序由 $|d|$ 决定,即

$$\lim_{X \to \infty} \frac{\sum_{|d| \leqslant X} \text{秩 } E_d}{\sum_{|d| \leqslant X} 1} = \frac{1}{2}$$

其中求和遍历所有的非零无平方因子整数 d. 关于此二次扭曲族的猜想有许多的工作,可见 Silverberg 概述(Sil07).

对于任意椭圆曲线或二次扭曲曲线族,支持极小值猜想成立的论据还有 Katz 和 Sarnak(参看(KS99))的方法,以及稍后的 Keating 和 Snaith(参看(KS00)),Conrey,Rubinstein,Watkins(参看(Wat08))以及其他人关于随机矩阵理论的计算以及启发算法. 见后文参考资料(BMSW07),(Poo12)很好地叙述了该猜想的多个方面.

在许多其他情况下,由于 Goldfeld 的工作,极小值猜想被认为是不成立的,其主要原因是计算的结果并不支持其结论. 例如,在后文参考文献(KS99)中,Kramarz 和 Zagier(参看(ZK87))的数据(稍后由 Watkins 推广(参看(Wat07))表明对一类特殊的椭圆曲线,存在大量的秩大于 1 的椭圆曲线,而由于计算能力的局限,我们还无法确定其真实的分布.

而更普遍的对于所有椭圆曲线构成由导子给出序的集合的计算也找到了大量的秩大于 1 的椭圆曲线,这些工作主要是由 Brumer 和 McGuinness(参看

（BM90）），Stein 和 Watkins（参看（SW02）），Cremona（参看（Cre06）) 以及 Bektemirov, Mazur 完成的. 如图 5 所示，他们的数据显示了平均秩的渐近线明显高于 1/2. 而当限制在这些计算范围内时，数据显示第二项对于给定秩的曲线（在导子 X 决定的序的意义下）的渐近数有很大的影响.

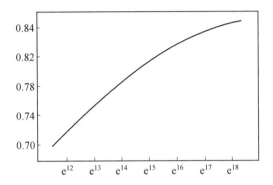

图 5　基于 Stein-Watkins 的数据的椭圆曲线的平均秩，导子不大于 e^{18}，数据和图来自于 Bektemirov, Mazur, Stein 以及 Watkins（参看（BMSW07））

关于此猜想，理论方面的工作的结果则要乐观一些. Brumer（参看（Bru92））证明了如果广义黎曼假设（GRH）成立，那么由高定义序的全部椭圆曲线平均解析秩的上极限的一个上界为 2.3. 因此，如果假设 BSD 猜想也成立，那么 Brumer 的结果证明了平均秩的上极限的一个上界也是 2.3. 在假设 BSD 和 GRH 成立的条件下，Heath-Brown（参看（HB04））将这个上界改进为 2，而 Young（参看（You06））将其提升到了 25/14. Young 的界是第一个证明了存在正数比例的椭圆曲线秩为 0 或 1 的理论方面的成果（同样假设 BSD 和 GRH 成立）.

最后，Bhargava 和 Shankar（参看（BS10a））在近几年的研究中给出了一个无条件的上界：

定理 8.4（Bhargava 和 Shankar 2010）　**Q** 上椭圆曲线平均秩的上极限的一个上界为 3/2，其中序由高决定.

他们考虑了整系数的短魏尔斯特拉斯形式的椭圆曲线，并且上述定理对于所有的魏尔斯特拉斯方程或是仅仅对极小魏尔斯特拉斯方程都是成立的，在本章后面的部分，我们将集中讨论这一定理以及其推广和推论. 参考 Poonen 的 Bourbaki（布尔巴基）讨论班上的报告（参看（Poo12）），其中对资料（BS10a）有十分仔细的解释.

8.3.3 Selmer 群

研究椭圆曲线的 Selmer 群是目前知道建立其秩上界的几种方法中的一种. 该方法既可用于计算任意单个曲线(例如 Cremona 的 mwrank 计划(参看(Cre12)),也可用于对所有曲线的集合进行计算(例如定理 8.4).

Selmer 群的效用来自于以下两个事实:第一,Selmer 群是有限的并且通常可以计算;第二,椭圆曲线的 Selmer 群的大小给出了其秩的一个上界. 更确切地说,对于任意素数 p,椭圆曲线的 p-Selmer 群 $\mathrm{Sel}_p(E)$ 为一个基本阿贝尔 p-群,即其同构于非负整数个 $\mathbf{Z}/p\mathbf{Z}$ 的乘积,并且其 p-秩 $\mathrm{rk}_p(\mathrm{Sel}_p(E))$ 即为因子 $\mathbf{Z}/p\mathbf{Z}$ 的个数. 因此

$$\mathrm{rk}_p(\mathrm{Sel}_p(E)) \geqslant \mathrm{rk}(E) \tag{5}$$

Bhargava 以及 Shankar(参看(BS10a))利用 $p=2$ 式(5)并结合以下较强的结论来证明定理 8.4.

定理 8.5(Bhargava 和 Shankar 2010) **Q** 上椭圆曲线的 2-Selmer 群的平均阶数为 3,其中序由高决定.

本小节的内容可以参考大多数椭圆曲线的基础教科书,例如后文参考资料(Sil92,§X.4). 第一次阅读时本小节可以略过;更为重要的是理解如何得到 p-Selmer 群中的元素,这个内容将在下一小节中叙述.

我们对于素数 p 给出 **Q** 上椭圆曲线 E 的 p-Selmer 群的定义. 给出这一定义的一个动机是因为局部计算常常比全局计算更为可行;类似的做法我们在 8.2 节中讨论亏格为 0 的曲线时也曾遇见过.

由于 E 在任意的域上的点构成一个群,故存在一个乘以 p 的映射 $E(\overline{\mathbf{Q}}) \xrightarrow{p} E(\overline{\mathbf{Q}})$ 这是一个满射,并且其核为 $E(\mathbf{Q})$ 中的 p-挠子群 $E(\overline{\mathbf{Q}})[p]$. 伽罗瓦群 $\mathrm{Gal}(\overline{\mathbf{Q}}/\mathbf{Q})$ 作用在每个这样的群上,因此 $\mathrm{Gal}(\overline{\mathbf{Q}}/\mathbf{Q})$-模的短正合列

$$0 \to E(\overline{\mathbf{Q}})[p] \to E(\overline{\mathbf{Q}}) \to E(\overline{\mathbf{Q}}) \to 0$$

诱导出一个伽罗瓦上同调的长正合列,从而我们可以得到如下交换图 6 的第一行.

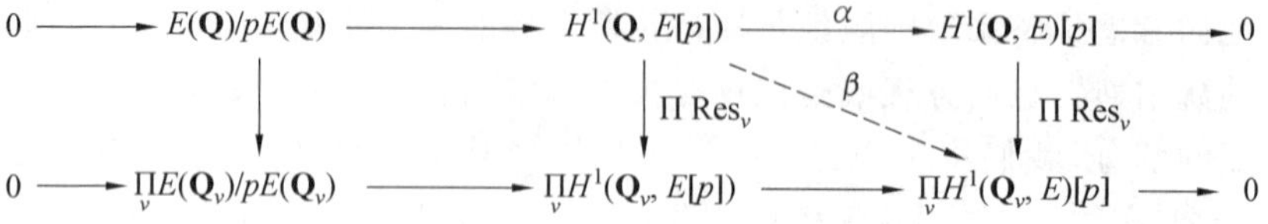

$$\begin{array}{ccccccccc}
0 & \longrightarrow & E(\mathbf{Q})/pE(\mathbf{Q}) & \longrightarrow & H^1(\mathbf{Q}, E[p]) & \stackrel{\alpha}{\longrightarrow} & H^1(\mathbf{Q}, E)[p] & \longrightarrow & 0 \\
& & \downarrow & & \downarrow \Pi\,\mathrm{Res}_v & \stackrel{\beta}{\searrow} & \downarrow \Pi\,\mathrm{Res}_v & & \\
0 & \longrightarrow & \prod_v E(\mathbf{Q}_v)/pE(\mathbf{Q}_v) & \longrightarrow & \prod_v H^1(\mathbf{Q}_v, E[p]) & \longrightarrow & \prod_v H^1(\mathbf{Q}_v, E)[p] & \longrightarrow & 0
\end{array}$$

图 6

可以对 **Q** 的任意局部完备 $\mathbf{Q}_v$,其中 v 为素数(包括当 $v=\infty$ 时 $\mathbf{Q}_v := \mathbf{R}$),做

类似的处理,于是可以得到交换图 6 中的第二行. 图 6 中最左边的垂直的映射由 $E(\mathbf{Q})$ 到 $E(\mathbf{Q}_v)$ 中的嵌入映射给出,而后两个垂直的映射则为通常的限制映射 $\mathrm{Res}_v: H^1(\mathbf{Q},A) \to H^1(\mathbf{Q}_v,A)$ 对所有素数 v 作乘积,其中 A 分别为 $A=E[p]$ 以及 $A=E$. 因此我们有如下的定义:

(i) E 的 p-Selmer 群 $\mathrm{Sel}_p(E)$ 是图 6 中映射 β 的核.

(ii) Tate-Shafarevich 群 $\mathrm{III}(E)$ 是映射
$$\prod_v \mathrm{Res}_v : H^1(\mathbf{Q},E) \to \prod_v H^1(\mathbf{Q}_v,E)$$
的核.

对图 6 的变量应用 Snake 引理,则有如下很重要的正合列
$$0 \to E(\mathbf{Q})/pE(\mathbf{Q}) \to \mathrm{Sel}_p(E) \to \mathrm{III}(E)[p] \to 0, \tag{6}$$
从而由此可以导出不等式(5).

发现 Selmer 群中元素. $\mathbf{Q}$ 上椭圆曲线 E 的 Tate-Shafarevich 群 $\mathrm{III}(E)$ 中的元素以及 p-Selmer 群 $\mathrm{Sel}_p(E)$ 中的元素可以用亏格为 1 的曲线及其雅可比簇来具体实现.

亏格为 1 的曲线 C 的雅可比簇 $\mathrm{Jac}(C)$ 是其自同构群[①]的一个连通分支,它也是亏格为 1 的曲线,并且如果 C 上存在有理点,那么 C 的雅可比簇实际上在 $\mathbf{Q}$ 上与 C 同构. 由于任意的群的自同构自然地有群的结构,其中有单位元素,因此 C 的雅可比簇是一条椭圆曲线! 我们称亏格为 1 的曲线 C 为对于 $\mathrm{Jac}(C)$ 的挠子(torsor),或主齐次空间. 也就是说,椭圆曲线 E 的挠子是亏格为 1 的曲线,且有一个 E 的作用在 $\overline{\mathbf{Q}}$ 是传递的.

$H^1(\mathbf{Q},E)$ 中的元素可以被看作 E 的挠子的同构类,即 $\mathbf{Q}$ 上亏格为 1 的曲线 C,且有一个 $\mathrm{Jac}(C)$ 的自同构. 平凡的挠子同构于 E 本身,这表明其上存在有理点,类似地,一个在 Res_v 下被映到 0 的挠子 C 有 $\mathbf{Q}_v$ 上的点.

因此,Tate-Shafarevich 群 $\mathrm{III}(E)$ 中的元素即为在每个局部完备 $\mathbf{Q}_v$ 上都有点的挠子(在同构意义下),我们也称这样的挠子为局部可解的. $\mathrm{III}(E)$ 中的非零元素为没有全局有理点的局部可解挠子,因此其不满足哈塞原理.

p-Selmer 群中的元素可以被表示为 E 的局部可解挠子 C,连同 C 上的一个 p 次的直线簇(等价地,C 上一个 p 次的有理除子). 这个 C 上的 p 次直线丛等价于记住从 C 到 $(p-1)$ 维的射影空间的一个代数映射. 在下一小节更为详细的讨论中我们将看到,这一叙述能够使得 p 值较小的 p-Selmer 群中的元素更加清楚.

[①] 这一定义只对亏格为 1 的曲线有效. 更确切地,雅可比簇被定义为 0 次直线簇的模空间的对偶空间. ——原注

表 2 总结了 $\mathbf{Q}$ 上椭圆曲线 E 的这些群中元素的性质.

表 2

群	元素(在同构意义下)
$H^1(\mathbf{Q}, E)$	E 的挠子 C
$\mathrm{III}(E)$	E 的局部可解挠子 C
$\mathrm{Sel}_p(E)$	二元对 (C, L)：C 为 E 的可解挠子，且 C 上有 p 次直线丛 L
$E(\mathbf{Q})/pE(\mathbf{Q})$	二元对 (C, L)：C 为 E 的平凡挠子，且 C 上有 p 次直线丛 L

直观推断及其他工作. 在近几年中，一些关于 $\mathbf{Q}$ 上(或其他数域上)椭圆曲线的 Tate-Shafarevich 群以及 p-Selmer 群分布的一些直观推断被提出.

Delaunay 的关于 Tate-Shafarevich 群分布的推断(参看(Del01)(Del07))推广了 Cohen-LenstraMartinet(参看(CL84)(CM87))关于数域类群推断的基本思想，该思想主要基于将 Tate-Shafarevich 群视为带非退化双线性对的随机有限阿贝尔群，其权重由其自同构群的阶的逆决定.

Poonen 和 Rains(参看(PR12))的工作将 p-Selmer 群看成 F_p 上无限位的二次空间中随机极大各向同性子空间的交，从而得到了关于椭圆曲线(以及阿贝尔簇)的 p-Selmer 群的分布的猜想. 目前所有已知的关于 Selmer 群的平均阶数的理论结果(例如定理 8.5)都与他们的猜想吻合，并且 Poonen 与 Rains 的预言同样也与极小值猜想和 Delaunay 的推断的组合相吻合(利用式(6)可以将 Selmer 群，秩以及 Tate-Shafarevich 群联系起来).

最近以来，Bhargava, Kane, Lenstra, Poonen 以及 Rains(参看(BKL+13))将这些推断推广到了 Selmer 群以及 Tate-Shafarevich 群的情形，他们的方法是用 p^n 替换式(6)中的 p，从而研究对 n 的归纳极限得到的正合列的分布.

近期对于二次扭曲曲线族的 2-Selmer 群分布的研究也有所进展，其中包括 HeathBrown, Swinnerton-Dyer, Kane, Yu, Mazur, Rubin, Klagsbrum 以及其他很多人的工作(参看(HB93),(HB94),(SD08),(Kan12),(Yu06),(Yu05),(MR10),(KMR11)).

最后，算术几何中一个普遍的主题是考虑用函数域代替数域，因为对于函数域常可利用几何工具，如果考虑用函数域 $F_q(t)$ 代替有理数域 $\mathbf{Q}$，de Jong(参看(dJ02))给出了 $F_q(t)$ 上椭圆曲线的 3-Selmer 群的平均阶数的一个上界.

8.4　2-Selmer 群的平均阶数

定理 8.6(Bhargava 和 Shankar 2010)　设 $\mathscr{F}$ 是由关于整系数 A, B 的有限

多个同余条件所定义的椭圆曲线 $E: y^2 = x^3 + Ax + B$ 所构成的集合,则 $\mathscr{F}$ 中的椭圆曲线 E 的 2-Selmer 群 $\mathrm{Sel}_2(E)$ 的平均阶数为 3,其中序由高决定.

注意到二元四次型与椭圆曲线的 2-Selmer 群的元素有很密切的关联,并且利用数的几何中的方法可以"数"整二元四次型的个数.

更加确切地,我们将在 8.4.1 目中看到满足一定局部条件的有理系数二元四次型(在标准变换的意义下)与椭圆曲线的 2-Selmer 群中元素一一对应. 在这个对应中二元四次型的经典不变量理论有着非常重要的作用. 特别地,其给出了如图 7 中垂直的映射.

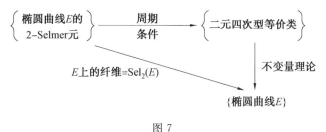

图 7

在后文中,我们将看到利用加强的数的几何中的方法来数有界高①的二元四次型的个数是非常适用的. 采用筛法结合局部条件可以得到给定高的椭圆曲线的 2-Selmer 群中元素的一个方法. 由于图 7 中弯曲箭头椭圆曲线 E 上的纤维即为 $\mathrm{Sel}_2(E)$,用这个值除以具有同样高的椭圆曲线数,然后对这个商值取当高趋于无穷时的极限,即可得到我们所求的平均值.

目前尚不知道如果改为用判别式或导子决定序,该方法是否适用;即使当 X 趋于无穷时,判别式或导子小于 X 的椭圆曲线数的极限目前也仍不知道.

8.4.1　二元四次型以及椭圆曲线

在 Birch 和 Swinnerton-Dyer 的经典成果中,他们研究并应用了二元四次型与椭圆曲线的 2-Selmer 群元素间的关系,而他们这一成果推动了 BSD 猜想的提出.

$\mathbf{Q}$ 上的一个二元四次型是一个有理系数的二元四次齐次多项式,即

$$f(x_1, x_2) := a x_1^4 + b x_1^3 x_2 + c x_1^2 x_2^2 + d x_1 x_2^3 + e x_2^4 \tag{7}$$

其中 $a, b, c, d, e \in \mathbf{Q}$. $\mathbf{Q}$ 上二元四次型的集合构成一个五维的 $\mathbf{Q}$-线性空间 V,其坐标可由系数 a, b, c, d, e 给出. 则群 $\mathrm{GL}_2(\mathbf{Q})$ 可以如下作用在 V 上

$$g \cdot f(x_1, x_2) = (\det g)^{-2} f((x_1, x_2) \cdot g) \tag{8}$$

其中 $g \in \mathrm{GL}_2(\mathbf{Q})$;由于纯量矩阵的作用是平凡的,故该作用可以诱导出一个

---

① 二元四次型的高与其所对应的椭圆曲线的高在只相差一个常数的意义下是相同的. —— 原注

$PGL_2(\mathbf{Q})$ 在 V 上的作用. 我们称两个二元四次型 f 和 f' 是等价的 (equivalent),如果存在 $g \in PGL_2(\mathbf{Q})$ 以及 $\lambda \in GL_1(\mathbf{Q}) = \mathbf{Q}^\times$,使得 $f' = \lambda^2 (g \cdot f)$. 也就是说,线性空间 V 可以看作群 $PGL_2(\mathbf{Q}) \times GL_1(\mathbf{Q})$ 的表示空间,而两个二元四次型等价,当且仅当它们属于这个群作用的同一轨道.

在 $GL_2(\mathbf{Q})$ 如式(8)的作用下,或者等价地在此作用诱导的 $PGL_2(\mathbf{Q})$ 的作用下,如式(7)的二元四次型的不变量构成一个由如下两个不变量生成的多项式环

$$I(f) := 12ae - 3bd + c^2$$
$$J(f) := 72ace + 9bcd - 27ad^2 - 27b^2e - 2c^3$$

判别式
$$\Delta(f) := 4I(f)^3 - J(f)^2$$

非零,当且仅当 f 在 $\overline{\mathbf{Q}}$ 上有 4 个不同的解(在数乘关系视为等价的意义下). f 的高(height)是 $ht(f) := \max(|I(f)^3|, J(f)^2/4)$.

由二元四次型得到的亏格为 1 的曲线. 给定一个判别式不为 0 的二元四次型 $f(x_1, x_2)$,则可通过对仿射曲线

$$y^2 = f(x_1, x_2)$$

进行光滑紧化构造一条亏格为 1 的曲线 $C(f)$. 这条亏格为 1 的曲线为在 f 的根处分支的射影直线(这个概念不能在 $\mathbf{Q}$ 上单独地定义)的双重覆盖. 因此其有一个二次的直线丛 $L(f)$,即 $\mathbf{P}^1$ 中的直线丛 $\mathcal{O}(1)$ 的拉回;等价地,在这个双重覆盖下,$\mathbf{P}^1$ 上的任意有理点的原像集中的两点的形式和给出了 $C(f)$ 上一个有理二次除子.

如果 f' 是一个与 f 等价的二元四次型,那么 $C(f)$ 与 $C(f')$ 是等价的,并且其直线丛也在这个同构下对应. 事实上,判别式非零的二元四次型(在等价意义下)与有二次直线丛的亏格为 1 的曲线(在同构意义下)一一对应!

此外,$C(f)$ 的雅可比簇 $E(f)$ 只依赖于不变量 $I(f)$ 和 $J(f)$;$E(f)$ 可以写成如下的短魏尔斯特拉斯形式

$$E(f): y^2 = x^3 - \frac{I(f)}{3}x - \frac{J(f)}{27} \tag{9}$$

因此,由 2-Selmer 群中元素性质可知,对于二元四次型 f,如果 $C(f)$ 是局部可解的,那么二元对 $(C(f), L(f))$(连同 $E(f)$ 在 $C(f)$ 上的作用)对应于 $Sel_2(E(f))$ 中的元素. 更加确切地,设 $V(\mathbf{Q})^{ls}$ 为局部可解,且判别式 $\Delta(f) \neq 0$ 的 $\mathbf{Q}$ 上二元四次型 $f(x_1, x_2)$ 的子集,即满足 $y^2 = f(x_1, x_2)$ 对于所有的素数 v(包括 $\mathbf{Q}_\infty = \mathbf{R}$)都有 $\mathbf{Q}_v$-解,注意到 $V(\mathbf{Q})^{ls}$ 在 $GL_2(\mathbf{Q}) \times \mathbf{Q}^\times$ 的作用下保持不变.

$V(\mathbf{Q})^{ls}$ 中的等价类与椭圆曲线的 2-Selmer 群中的元素一一对应,即有如

下的双射
$$\mathrm{PGL}_2(\mathbf{Q}) \times \mathbf{Q}^\times \backslash V(\mathbf{Q})^{1s} \overset{1-1}{\leftrightarrow} \{(E,\zeta) \mid E \text{ 为椭圆曲线}, \zeta \in \mathrm{Sel}_2\}/\cong$$
对于任意特定的椭圆曲线 $E_{AB}: y^2 = x^3 + Ax + B$,，我们可以特别考虑如下的对应
$$\mathrm{PGL}_2(\mathbf{Q}) \backslash V_{AB}(\mathbf{Q})^{1s} \overset{1-1}{\leftrightarrow} \mathrm{Sel}_2(E_{AB})$$
其中 $V_{AB}(\mathbf{Q})^{1s}$ 由具有不变量 $I(f) = -3A$ 和 $J(f) = -27B$ 的二元四次型 f 构成.

寻找不变量为特定值的二元四次型是已知最好的精确计算给定椭圆曲线的 2-Selmer 群（通常以及其秩）的方法，即 Cremona 的 mwrank 计划.

例 8.4 在 $\mathrm{PGL}_2(\mathbf{Q})$ 作用的等价意义下，具有 $I=48$ 及 $J=-432$ 的有理二元四次型只有 $f_0 = x_1^4 - 6x_1^2 x_2^2 + 4x_1 x_2^3 + x_2^4$ 以及 $f_1 = x_1^4 + 4x_1 x_2^3 + 4x_2^4$. 它们的每一个都有由 $y^2 = x^3 - 16x + 16$ 给出的同构于椭圆曲线 E 的雅可比簇，故有
$$\mathrm{Sel}_2(E) \cong \mathbf{Z}/2\mathbf{Z}$$
它们以 f_0 为单位元素. 在这一例子中，由于 E 至少有一个有理点 $(x, y) = (0, 4)$，并且 $E(\mathbf{Q})_{\text{tors}}$ 是平凡的，故由正合列(6)可推出
$$\mathrm{rk}(E) = 1$$
且
$$\mathrm{III}(E)[2] = 0$$
因此为了求 2-Selmer 群的平均阶数，我们的目标就是数出高不大于给定界的等价类 $V(\mathbf{Q})^{1s}$ 的个数. 首先第一步是要简单地数出整系数二元四次型的 $\mathrm{PGL}_2(\mathbf{Z})-$等价类的个数.

8.4.2 由数的几何方法确定二元四次型的个数

在类似的确定个数的问题中，数的几何方法的应用非常成功，例如确定二元二次型的个数以及二元三次型的个数（参看(Mer74),(Sie44),(Dav51b),(Dav51c)). 对于高有界的不可约整二元四次型（在等价意义下），Bhargava 和 Shankar 给出了渐近的计数.

定理 8.7((BS10a)) 对 $0 \leqslant i \leqslant 2$，令 $N^{(i)}(X)$ 为有 $4-2i$ 个实根且高小于 X 的不可约整二元四次型的 $\mathrm{PGL}_2(\mathbf{Z})-$等价类数，则
$$N^{(0)}(X) = \frac{4}{135}(2) X^{5/6} + O(X^{3/4+\varepsilon})$$
$$N^{(1)}(X) = \frac{32}{135} S(2) X^{5/6} + O(X^{3/4+\varepsilon})$$
$$N^{(2)}(X) = \frac{8}{135}(2) X^{5/6} + O(X^{3/4+\varepsilon})$$

我们也可以对二元四次型的系数 a,b,c,d 和 e 添加有限多个同余条件的限制,例如要求 a 对素数 p 模 p 同余于 0. 则满足这样的条件的高小于界 X 的整二元四次型的等价类数,等于等价类的总数(由定理 8.7,即为恰当的 $N^i(X)$) 乘以每个同余条件的 p 进密度,并且有同样的误差项 $O(X^{3/4+\varepsilon})$. 这里的 p 进密度为依赖于 p 的分式且易于计算.

注记 8.2 虽然严格叙述定理 8.7 对于定理 8.6 的证明来说并不是必需的,然而定理 8.7 的证明中所用到的方法和结果是计算 Selmer 群的平均大小所必需的.

证明定理 8.7 的主要思路是将问题归为数一个形状规则的区域中的格点数,而在这样的区域中格点数近似等于该区域的体积. 该问题的主要复杂性来自于所求区域中有尖角,其图像表现为存在一个狭长的区域趋向无穷远点. 一般来说,这些尖角的区域可能包含很多格点,也可能只包含很少的格点;参见图 8. 一个巧妙地计算"平均情况"的方法(最初由 Bhargava(参看(Bha05), (Bha10))在计算四次及五次环的渐近数时提出)能够帮助决定哪些点在这些尖角区域中.

令 $V^{(i)}$ 表示 V 中与有 $4-2i$ 个根的二元四次型对应的子集. 在本章的剩下部分,我们将集中考虑有 4 个实根的二元四次型的情形(即 $i=0$ 的情形);其余两种情形是类似的.

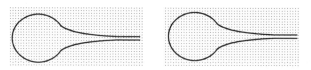

图 8 尖角中有很多格点的区域(左),尖角中有很少格点的区域(右)

约化理论与基本区域. 对于群作用在空间上的一个基本区域 (fundamental domain) 或基本集合 (fundamental set) 是该空间元素的一个集合,且满足对于群作用的每一个轨道,恰好有一个代表元素在这个集合中. 为了计算整二元四次型构成的空间 $V(\mathbf{Z})$ 中的 $\text{PGL}_2(\mathbf{Z})$ 轨道数,我们希望能够数 $\text{PGL}_2(\mathbf{Z})$ 在 $V(\mathbf{R})$ 上作用的基本区域中的(整)格点数. 为了使得该问题中的群作用简单一些,我们将问题分为两个部分来考虑:

(i) 找到 $\text{PGL}_2(\mathbf{R}) \times \mathbf{R}^\times$ 在 $V(\mathbf{R})$ 上作用的一个基本集合.

(ii) 找到 $\text{PGL}_2(\mathbf{Z})$ 在 $\text{PGL}_2(\mathbf{R}) \times \mathbf{R}^\times$ 上作用的一个基本区域.

对于(i),很容易精确构造这样一个基本集合. 容易验证一个所有根都为实根,且有不变量 I 和 J 的二元四次型定义了一个具有这样不变量的 $V(\mathbf{R})$ 中的 $\text{PGL}_2(\mathbf{R})$ 轨道. 因此,不变量遍历所有的 I 和 J 的实二元四次型(因为有 $\mathbf{R}^\times$ 的作用,故数乘关系视为等价)构成了一个基本集合 L. 注意到对于任意的 $h \in \mathrm{PGL}_2(\mathbf{R}) \times \mathbf{R}^\times$,集合 hL 也是一个基本集合. 这个性质十分重要,因为其表明了我们可以选择 L 使得 hL 总是紧的.

例 8.5   事实上,我们可以选择基本集合中的代表元是高为 1 的元素. $V^0(\mathbf{R})$ 的一个基本集合为

$$L = \{f_t(x_1, x_2) = x_1^3 x_2 - \frac{1}{3} x_1 x_2^3 - \frac{t}{27} x_2^4 - 2 \leqslant t \leqslant 2\}.$$

其中

$$I(f_t) = 1, J(f_t) = t$$

且判别式

$$\Delta(f_t) = 4 - t^2 > 0$$

对于(ii),高斯给出了对 $\mathrm{PLG}_2(\mathbf{Z}) \backslash \mathrm{PGL}_2(\mathbf{R}) \times \mathbf{R}^\times$ 的基本区域 $\mathscr{F}$ 的一个标准分解. 这一方法也给出了 $\mathscr{F}$ 的显式坐标.

综合(i)和(ii)可知,对于任意的 $h \in \mathrm{PGL}_2(\mathbf{R}) \times \mathbf{R}^\times$,$V^0(\mathbf{R})$ 的任一 $\mathrm{PGL}_2(\mathbf{Z})$ 轨道中都有一个代表元素在集合 $\mathscr{F}hL$ 中. 事实上,如果将 $\mathscr{F}hL$ 看成一个多重集合,那么其元素个数大于任意的轨道元素个数 —— 因为二元四次多项式在 $\mathrm{PGL}_2(\mathbf{R})$ 中的稳定子群的阶可以被其在 $\mathrm{PGL}_2(\mathbf{Z})$ 中稳定子群的阶整除. 对于 $V^{(0)}(\mathbf{R})$ 中的二元四次多项式,这个商对几乎所有的情形都为 $4/1 = 4$(可以给出这一说法的精确含义),因此可以合理地假设每一个轨道都被数了 4 次,也就是说,集合 $\mathscr{F}hL$(几乎)可以被看作 $\mathrm{PGL}_2(\mathbf{Z})$ 在 $V^{(0)}(\mathbf{R})$ 上作用的 4 个基本区域的并集.

我们目前关心的问题是 $\mathscr{F}hL$ 中高有界的整点个数(并除以 4).

均值与体积.   正如在前面提到过的,根据闵可夫斯基提出并且由 Davenport 改进(参看(Dav51a),(Dav64))的理论,在一个如 $\mathscr{F}hL$ 这样的区域内的格点数即等于该区域的体积,然而我们必须限定该区域的尖角部分内有多少个点.

为了更好地限定尖角区域内点的个数我们将尖角区域加厚,为此我们由考虑单个的区域 $\mathscr{F}hL$ 改为考虑一些这样的区域组成的小球,其中令 h 在一个紧集合中取值. 为了得到最终结果,当得到由这些区域 $\mathscr{F}hL$ 的并集得到的多重集合中的格点数后,必须除以 h 取值的紧集合的体积.

这个包含了加厚尖角的加大区域可以被分为两个部分:主体部分和尖角区域;如果能找到巧妙地分割这两部分的方法,则容易得到所求的估计值. 特别地,使得尖角区域为包含形如式(7)且满足以下条件的二元四次型 $f(x_1, x_2)$ 的基本区域中的部分:$f(x_1, x_2)$ 中 x_1^4 的系数 a 的绝对值严格小于 1. 则这样得到的尖角区域中的整二元四次型的系数 a 皆为 0,从而是可约的.

因此主体部分的面积即近似等于其中包含的格点数,并且可以证明其中的可约二元四次型的个数可以忽略不计.

注记 8.3 定理 8.7 中只考虑了不可约二元四次型,但是当我们考虑 8.4.3 目中与 2-Selmer 群中元素对应的二元四次型的个数时,我们也将尖角区域中可约的二元四次型包含进去.

最后的步骤即为计算主体部分的体积,这一点可以精确地得到. 这一计算中用到一个重要的引理,其将空间 $V(\mathbf{R})$ 上的欧几里得测度转换为群 $\mathrm{PGL}_2(\mathbf{R})$ 上哈尔测度与由不变量 I 和 J 给出的测度的乘积. 这一雅可比簇的计算思路即来源于 $V(\mathbf{R})$ 可以被大致地看作 $\mathrm{PGL}_2(\mathbf{R})$ 与 $\mathrm{PGL}_2(\mathbf{R})\backslash V(\mathbf{R})$ 这一直观的想法.

8.4.3 筛法与一致性估计

对于定理 8.5 与定理 8.6,我们关心的是与亏格为 1 的局部可解曲线对应的二元四次型的有理等价类的个数,因此我们需要在 8.4.2 目的基础上加上以下的额外几个步骤:

(a) 如同在注 8.3 中提到的,尖角区域中的可约二元四次型应当被包含在计数中.

(b) 对于每个 $V(\mathbf{Q})^{1s}$ 中的有整①不变量的 $\mathrm{PGL}_2(\mathbf{Q}) \times \mathbf{Q}^{\times}$ 轨道,找到一个整代表元(并且精确地给出每个有理轨道的元素个数).

(c) 通过筛法添加上必须的局部条件,从而结果限制在局部可解的二元四次型构成的空间 $V(\mathbf{Q})^{1s}$ 上.

步骤(a)是重要的,不过可以直接地达到. 如同前文提到的,包含在尖角区域中的二元四次型都有一个线性的因子;这些四次型正好与 2-Selmer 群中的单位元素对应. 由于主体区域中几乎没有可约的四次型,故在对主体区域中点计数时只计算了不可约的二元四次型,而这些不可约二元四次型对应于 Selmer 群中的非单位元素.

步骤(b)的第一部分是(参看(BSD63),(CFS10))中的标准结果;这一步实质上是一个局部计算,即给定了一个 $V(\mathbf{Q})^{1s}$ 中有整不变量的有理二元四次型,则对于所有的素数 p,存在元素 $g_p \in \mathrm{PGL}_2(\mathbf{Q}_p)$,使得二元四次型 $g_p \cdot f$ 的系数在 $\mathbf{Z}_p$ 中,由于 PGL_2 的类数为 1,故我们可以采用弱近似的方法将所有这些 g_p"粘合"起来,得到一个元素 $g \in \mathrm{PGL}_2(\mathbf{Q})$;则二元四次型 $g \cdot f$ 具有整系数.

然而一般来说,$V(\mathbf{Q})^{1s}$ 中的元素 f 的轨道可能包含许多个 $\mathrm{PGL}_2(\mathbf{Z})$ 轨道,故我们需要对每一个整轨道乘以 $1/n$ 的权重,其中 n 为该有理轨道中包含的整

---

① 为了简洁起见,我们在这一部分的讨论中将忽略 2 和 3 的一些因子. — 原注

轨道数目,这一乘以权重的步骤也可以归入步骤(c)中的筛法.再次基于群 PGL_2 类数为 1 的事实,最后一个步骤为一个局部计算;全局权重为局部权重的乘积,而局部权重则由 $PGL_2(\mathbf{Q}_p)$ 中二元四次型的稳定子群的阶决定.

最后的步骤采用了"几何筛法",这一方法最早有 Ekedahl 提出,而后由 Poone(参看(Poo03)(Poo04))和 Bhargava(参看(Bha11))推广.正如在定理 8.7 后的讨论所提到的,对二元四次型限制有限多个同余条件被转化为对开始得到的计数结果乘以每一条件的局部密度.然而由于我们现在需要对每一个素数 p 限制一个条件,故为了得到一个实际的极限(相对于只需要求一个上极限),我们就需要一个确定的一致性估计(uniformity estimate).[①]特别地,可以证明当素数 p 趋向于无穷时,在 p 处出现"坏"的二元四次型是很少的,因此它们可以被合理地忽略.

最后,这些局部因子的乘积可以被化简[②]为群 PGL_2 的一个不变量,称为 Tamagawa(玉河恒夫)数 $\tau(PGL_2)$.也就是说,$V(\mathbf{Z})^{1s}$ 中高小于 X 的不可约整二元四次型的加权个数的极限除以高小于 X 的椭圆曲线的个数,其商在 $X \to \infty$ 时的极限即为 $\tau(PGL_2)$,且有 $\tau(PGL_2) = 2$.对于有限多个同余条件所限定的椭圆曲线的族 $\mathscr{F}$ 中的平均情况而言,局部因子对分子与分母的作用是相等的,故其商(的极限)不会改变.

最后,考虑上尖角区域中的点(对应于 2-Selmer 群中的单位元素),故 2-Selmer 群的平均阶数为 $2+1=3$.

8.5 推广与推论

我们现在概述定理 8.5 以及 8.4 节中所讨论的方法在其他 p-Selmer 群、其他椭圆曲线族以及甚至其他更高亏格曲线族的情形中的推广.在 8.5.2 目中,我们也会叙述对于低秩椭圆曲线的密度的一些推论.

在 8.4 节给出的定理 8.5 的证明中,其方法主要基于将 2-Selmer 群的元素视为满足一定局部性质的二元四次型的等价类,并将问题归为数一个群在向量空间上作用的基本区域中的格点数,从而可以利用数的几何方法解决这一问题.

因此对这一方法的推广基于将 Selmer 群中的元素与向量空间 V 在群 G 的

[①] 在最初的论文((BS10a))中,得到一致性估计是最困难并最具技巧性的部分,然而 Bhargava 的论文(Bha11)中提出的改进的几何筛法显著地简化了此处所需的计算.——原校注

[②] 可参考后参考资料(Poo12)中通过计算阿代尔(Adelic)体积给出的对于该事实的解释.——原注

作用下的轨道联系起来；这些轨道的个数可以采用类似前文的方法计算. 我们修改图 7 来反映更加一般的目标 (见图 9).

定理 8.5 中的集合 $\mathcal{F}$ 定义为由短魏尔斯特拉斯形式的椭圆曲线构成. 更一般地, 我们可以选择 $\mathcal{F}$ 为由其他椭圆曲线或是更高亏格的曲线构成的集合, 这些曲线的雅可比簇可以像 p-Selmer 群的雅可比簇一样类似地定义.

找到合适的群 G 与向量空间 V 与 Selmer 群中元素联系仍然是一个相对只能具体情况具体分析的问题. 对于椭圆曲线来说, 我们一般可以采用对 p-Selmer 群中元素给出几何描述的方法——即将其视为局部可解的由 p 次直线丛的挠子——来找到满足条件的 G 和 V.

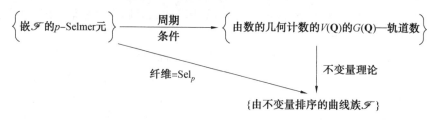

图 9

注记 8.4 图 9 中所总结的方法在之前也曾被 Davenport 和 Heilbronn (参看 (DH69)) 以及 Bhargava (参看 (Bha05)) 用来证明 Cohen-Lenstra-Martinet 推测 (关于数域的理想类群的分布问题) 的两种目前仅知道的情形. 在那些情形中, 集合 $\mathcal{F}$ 由数域的集合代替 (两种情形中的数域分别为二次数域以及三次数域, 序由判别式决定), 而理想类的 p-挠子则与 p-Selmer 群类似.

8.5.1 椭圆曲线的其他 Selmer 群

我们现在介绍关于椭圆曲线的 Selmer 群的平均阶数的近期结果; 这些定理所应用的方法皆为图 9 中强调部分.

在后文参考资料 (BS10b) 中, Bhargava 和 Shankar 曾应用将 3-Selmer 群中元素视为由三元三次型所对应的局部可解曲线 (在等价意义下) 的经典方法, 将后文参考资料 (BS10a) 中的方法推广到了 3-Selmer 群的情形.

定理 8.8 (Bhargava, Shankar 2010) **Q** 上椭圆曲线的 3-Selmer 群的平均阶数为 4, 其中秩由高决定.

3-Selmer 群的平均阶数给出椭圆曲线平均秩的上极限的一个改进上界 7/6.

实际上, Bhargava 和 Shankar 的工作仍在进行当中, 他们利用类似的方法证明了椭圆曲线的 4-Selmer 群和 5-Selmer 群的平均阶数分别为 7 和 6, 其中的序由高决定. 结合这个结果和一些其他的工作, 他们证明了平均秩上极限的上界由 0.89 给出.

在与 Bhargava 的共同工作(参看(BH12))中,我们求出了许多椭圆曲线族的 2-Selmer 群以及 3-Selmer 群的平均阶数,例如如下的由一个给定点的椭圆曲线构成的族

$$\mathcal{F}_1 := \{y^2 + a_3 y = x^3 + a_2 x^2 + a_4 x : a_2, a_3, a_4 \in \mathbf{Z}, \Delta \neq 0\} \quad (13)$$

其中序由与高类似的概念决定. 这些椭圆曲线族的平均阶数取决于将它们的 Selmer 群元素视为确定的群表示的轨的方法(参看(BH13)). 这些族中椭圆曲线的平均的上界也可由相同的方法得到.

对于在参考资料(BH12)中所考虑的所有族,我们发现椭圆曲线上所给定的点的作用实际上是独立的. 例如,对于族 $\mathcal{F}_1$,由其独立性推出给定的一个点应该使得 p-Selmer 群的 $p-$秩增加 1,而实际上,2-Selmer 群和 3-Selmer 群的平均阶数确实分别为 $3 \times 2 = 6$ 以及 $4 \times 3 = 12$.

8.5.2　许多秩为 0 和秩为 1 的曲线

利用 3-Selmer 群的平均阶数,我们可以推出许多秩为 0 的椭圆曲线的存在性,并且进而可以得出许多使得 BSD 猜想成立的椭圆曲线的存在性.

Dokchitser 和 Dokchitser(参看(DD10))证明了 $\mathbf{Q}$ 上的 $p-$奇偶性猜想(parity conjecture),该猜想断言,$\mathbf{Q}$ 上椭圆曲线的根的个数由其 p-Selmer 秩的奇偶性决定. Bhargava 和 Shankar 利用同余条件构造了具有均匀分布根数的椭圆曲线构成的正密度族,将 $p-$奇偶性猜想与定理 8.8 结合起来,从而证明了所有椭圆曲线的正密度①的秩为 0,其中序由高决定.

另外,利用 Skinner 和 Urban[SU06,SU10]关于 Iwasawa. 理论中对于 GL_2 的主要猜想的工作,可以证明有正比例的椭圆曲线其解析(analytic)秩为 0. 因为 Kolyvagin 的工作[Kol88]已经证明了 BSD 对于解析秩为 0 的曲线成立,Bhargava 和 Shankar 得到结论,存在正比例的 $\mathbf{Q}$ 上的椭圆曲线满足 BSD 猜想.

并且,由任意椭圆曲线 E 的 Tate-Shafarevich 群 $\text{III}(E)$ 有限的假设(或者由 $3-$挠子群 $\text{III}(E)[3]$ 总是一个平方的较弱的假设),他们找到了秩为 1 的正密度的椭圆曲线.

8.5.3　更高亏格的曲线

正如在 8.2.1 目中提到的,虽然亏格至少为 2 的曲线上只有有限多个有理

---

① 所有关于有一个正密度或具有某一给定性质的曲线比例的叙述,更精确地来说都是关于这样曲线的下密度为正. —— 原注

点,但是决定有理点的个数仍然是困难的.给定特定曲线族的一个序,则可以提出对椭圆曲线提出的相似的问题,例如对于任意有限数 N,具有 N 个点的曲线的密度是多少?如果有理点的个数有限,那么其平均值为多少?

在 8.4 节中所讨论的方法对这些问题给出了一些令人惊讶的答案,至少对于超椭圆曲线给出了一定的答案. Bhargava 和 Gross(参看(BG12))首先发现了有有理魏尔斯特拉斯点的超椭圆曲线的 2-Selmer 群中元素的一种刻画方法,即利用奇正交群的一个确定表示的有理轨道对 Selmer 群中元素进行刻画(见 Throne 利用李(Lie)理论对高亏格曲线参数化的工作(参看(Tho12))).他们从而求得了 2-Selmer 群的平均阶数:

定理 8.9(Bhargava,Gross 2012)   固定 $g \geqslant 1$,则对于 **Q** 上有一个有理魏尔斯特拉斯点且雅可比簇亏格为 g 的超椭圆曲线,其 2-Selmer 群的平均阶数为 3,其中序由高决定.

这一结果不仅给出了这样曲线的莫德尔-韦伊秩的平均值上极限的一个上界为 3/2,而且结合 Chabauty 和 Coleman 的方法(参看(Cha41)(Col85))可推出存在很多曲线其上只有很少的点.Poonen 和 Stoll(参看(PS))近期对后文参考资料(BG12)中的结果进行的改进即为这一类的结论:

推论 8.1(Poonen,Stoll 2012)   固定 $g \geqslant 3$,则存在正比例的有一个有理魏尔斯特拉斯点的 **Q** 上亏格为 g 的超椭圆曲线,其上没有其他的有理点,并且大部分这样的曲线上的有理点个数不超过 7.

事实上,Poonen 和 Stoll 证明了当亏格 g 趋于无穷时,给定魏尔斯特拉斯点即为唯一有理点的曲线的下密度趋近于 1.Shankar 和 Wang 对有一个给定的有理非魏尔斯特拉斯点的超椭圆曲线得到了类似的结果(参看(SW13));他们证明了一个类似定理 8.9 的结论,并利用 Poonen 和 Stoll 的方法得到了当 g 趋于无穷时,这样恰好只有两个有理点(即给定的点以及其超椭圆共轭)的超椭圆曲线的下密度趋近于 1.

最后,Bhargava 在最近证明了 **Q** 上"大多数"超椭圆曲线(不一定只有一个有理点)上没有任何有理点(参看(Bha13)).更精确地,当亏格 g 趋于无穷时,**Q** 上没有有理点的超椭圆曲线的下密度趋近于 1.

《千年难题》的书评

第九章

2007年上海科技教育出版社出版了一本由基思·德夫林所著的数学科普书——《千年难题》.中文版是由沈崇圣教授所译.为此,在《科技报道》(Science Reports)上还刊登了中国科学院系统科学研究所的胡作玄研究员所写的题为"面向新世纪的数学难题"的书评:

稍微了解数学的人们都知道,1900年,德国数学家希尔伯特提出了23个数学问题,这些问题对20世纪的数学发展起了重要作用.到2000年,数学领域已经扩大到1900年的50倍到100倍,由一位伟大的全才数学家提出能覆盖整个数学领域的问题已变得不太现实,国际数学联盟组织、世界著名的数学家一起共同完成希尔伯特一人的工作,结果提出的数学问题成百上千.《千年难题》所收录的只是其中最重要、最有意义的7个问题.

希尔伯特在他关于"数学问题"的演讲时说:"只要一门科学分支能够提出大量的问题,它就充满着生命力,而问题的缺乏则预示着独立发展的衰亡或终止."实际上这已经是数学家的共识了.数学家自己创造出许多对象并研究其中的问题,例如数学家定义素数,并由此提出哥德巴赫猜想和双生素数问题;数学家定义群,并由此发展成在数学中占有核心地位的群论,已经获得的知识足以写成10万页的多卷大书,而相应未解决的问题也成百上千.

莫德尔-韦伊定理——从一道日本数学奥林匹克试题谈起

素数和群只是数学中最简单的两个概念,而更为抽象、更为难解的术语又何止千万.这种情况造成了一般人乃至隔行的专家对数学成果难以理解,甚至对有关术语也感到陌生.不过,近二三十年,抽象数学已大举侵入物理学和生物学等领域,从超弦理论到拓扑异构酶等,这使得各界人士开始想了解怪怪的数学家到底在搞什么名堂.

《千年难题》所讲的 7 个难题反映出当代数学的特点,它反映出信息时代的特征,也反映出学科的交叉互动.其中 4 个难题是纯数学的,但它们并不像哥德巴赫猜想那么纯,而且都与数学内外有着千丝万缕的联系.1 个难题是计算机科学的,即 P≠NP 问题.2 个难题是关于数学物理的,它们又与纯数学有着瓜葛.

黎曼猜想或黎曼假设是当前数学中最为重要的难题,至今已有 150 年的历史.这个问题原是针对素数分布提出来的,它涉及一个简单的复变函数 $\zeta(s)$(Zeta 函数)的零点分布.数学家对实变量的实函数研究得很多,这里只是推广到复变量的复函数.20 世纪上半叶,解析方法在数论领域取得一系列突破,但并没有臻于至善,原因就在于黎曼猜想没有攻下来.如果攻下来,那么几乎所有数论问题都可以上一个大台阶.黎曼猜想还有众多推广,例如有限域上代数簇的零点问题,它由韦伊猜想,到 1974 年由比利时数学家德林证明,德林因此荣获 1978 年菲尔兹奖.就在前几年,密码学出现了一个最难破译的椭圆曲线密码体系,其中用到韦伊猜想最最简单的特殊情形.

椭圆曲线不是椭圆,而是一组三次曲线,它的威力巨大.7 个难题中的伯奇和斯温纳顿—戴尔猜想讲的是有理数域上椭圆曲线的秩与一个 L-函数(ζ 函数的推广)的零点的关系.椭圆曲线的方程十分简单,即

$$y^2 = x^3 + ax + b$$

其中 a,b 为有理数.这种非常简单的曲线有着巨大的威力,费马大定理就是靠它解决的.

拓扑与代数几何是 20 世纪的数学女王.7 个难题中唯一已经获解的是 1904 年提出的庞加莱猜想.2006 年,在西班牙召开的国际数学家大会上,几乎一致同意,俄国数学家佩雷尔曼已完全解决了它.另一个代数几何的难题是霍奇猜想,它已有 50 多年的历史.它涉及一个代数簇,即自变量之间用多项式方程和方程组联系的图形,就像解析几何中,圆的方程为

$$x^2 + y^2 = 1$$

与上面的椭圆曲线一样.它的拓扑性质用上同调表示.霍奇猜想,这些

112

上同调类可由调和形式来表示. 代数几何现在十分重要,例如量子场论、弦论、孤立子理论都要用它.

数学家过去只是证明定理,对计算却不太注意. 计算机发展和普及之后,要求设计更有效的算法来解决问题. 最简单的算法当然是步骤最少的算法,或者说花时间最少的算法,当然这与所输入的数据大小有关,也就是计算时间是输入数据大小的函数. 如果这个函数是多项式,那么它属于类 P. 如果这个函数是指数型,那么在数据不太大的情况下,需要几十亿年才能执行完成,这显然是不可行的. NP 表示介于两者之间的算法类,虽然不知道它是否有多项式时间算法,但如果给出一个解,那么存在一个多项式时间的判定方法,判定它是否是解. 这类称为非决定性的多项式算法. 显然 P$\subseteq$NP,但是没有找到任何一个 NP 中算法的例子,它不属于 P. 因此这个问题有两种可能:P＝NP,P≠NP. 多数人倾向于后者. 这个问题不仅在理论上重要,还涉及诸如网络安全之类的大事.

自从 300 年前牛顿把力学、天文学、物理学的问题化为数学问题,也就是求解数理方程(大多是偏微分方程或方程组)的问题,科学家往往希望求出具体的解来. 然而,许多方程数学家还无能为力,最典型的就是反映不可压缩流体运动的纳维－斯托克斯方程,不仅光滑解解不出来,甚至数学家研究的存在性、唯一性、正则性也没有结果. 换言之,对于流体,理论上所知甚少,倚重的多是计算和实验.

杨振宁－米尔斯场方程可以看成是电磁场方程的推广,其特殊情形已有一些结果,然而量子杨振宁－米尔斯场必须满足一些不同于经典场论的条件,首先是质量间隙问题,否则不能保证核力是强作用的短程力. 这样,首先要证明对于任意紧单李群 G,在 R^4(四维欧氏空间)上存在以 G 为规范群的有质量量子的杨振宁－米尔斯规范场,这是十分困难的问题.

《千年难题》对这 7 个难题做了初步的解释,但要想了解细节,还要有一定的基础. 无论如何,作者给我们提供了 21 世纪前沿数学的很好样本,足以使非专家对这个飞速发展的领域有一个初步的认识——虽然难,但还是可以一步一步接近它们.

参考资料

(BMSW07) Baur Bektemirov, Barry Mazur, William Stein, and Mark Watkins, Average ranks of elliptic curves: tension between data and conjecture, Bull. Amer. Math. Soc. (N. S.) 44 (2007), no. 2, 233-254, DOI 10. 1090/S0273-0979-07-01138-X. MR2291676 (2009e:11107)

(Bha04a) Manjul Bhargava, Higher composition laws. I. A new view on Gauss compo-sition, and quadratic generalizations, Ann. of Math. (2) 159 (2004), no. 1, 217-250, DOI 10. 4007/annals. 2004. 159. 217. MR2051392 (2005f:11062a)

(Bha04b) Manjul Bhargava, Higher composition laws. II. On cubic analogues of Gauss composition, Ann. of Math. (2) 159 (2004), no. 2, 865-886, DOI 10. 4007/an-nals. 2004. 159. 865. MR2081442 (2005f:11062b)

(Bha04c) Manjul Bhargava, Higher composition laws. III. The parametrization of quartic-rings, Ann. of Math. (2) 159 (2004), no. 3, 1329-1360, DOI 10. 4007/an-nals. 2004. 159. 1329. MR2113024 (2005k:11214)

(Bha05) Manjul Bhargava, The density of discriminants of quartic rings and fields, Ann. of Math. (2) 162 (2005), no. 2, 1031-1063, DOI 10. 4007/annals. 2005. 162. 1031. MR2183288 (2006m:11163)

(Bha08) Manjul Bhargava, Higher composition laws. IV. The parametrization of quintic rings, Ann. of Math. (2) 167 (2008), no. 1, 53-94, DOI 10. 4007/annals. 2008. 167. 53. MR2373152 (2009c:11057)

(Bha10) Manjul Bhargava, The density of discriminants of quintic rings and fields, Ann. of Math. (2) 172 (2010), no. 3, 1559-1591, DOI 10. 4007/annals. 2010. 172. 1559. MR2745272 (2011k:11152)

(Bha11) Manjul Bhargava, The geometric squarefree sieve and unramified

nonabelian extensions of quadratic fields, preprint, 2011.

(Bha13) Manjul Bhargava, Most hyperelliptic curves over **Q** have no rational points, http://arxiv.org/abs/1308.0395.

(BG12) Manjul Bhargava and Benedict H. Gross, The average size of the 2-Selmer group of Jacobians of hyperelliptic curves having a rational Weierstrass point, 2012, http://arxiv.org/abs/1208.1007.

(BH12) Manjul Bhargava and Wei Ho, On the average sizes of Selmer groups in families of elliptic curves, preprint, 2012.

(BH13) Manjul Bhargava and Wei Ho, Coregular spaces and genus one curves, 2013, http://arxiv.org/abs/1306.4424.

(BS10a) Manjul Bhargava and Arul Shankar, Binary quartic forms having bounded in-variants, and the boundedness of the average rank of elliptic curves, 2010, http://arxiv.org/abs/1006.1002.

(BS10b) Manjul Bhargava and Arul Shankar, Ternary cubic forms having bounded in-variants, and the existence of a positive proportion of elliptic curves having rank 0, 2010, http://arxiv.org/abs/1007.0052.

(BKL+13) Manjul Bhargava, Daniel Kane, Hendrik Lenstra, Bjorn Poonen, and Eric Rains, Modeling the distribution of ranks, Selmer groups, and Shafarevich-Tate groups of elliptic curves, 2013, http://arxiv.org/abs/1304.3971.

(BSD63) B. J. Birch and H. P. F. Swinnerton-Dyer, Notes on elliptic curves. I, J. Reine Angew. Math. 212 (1963), 7-25. MR0146143 (26 #3669)

(BSD65) B. J. Birch and H. P. F. Swinnerton-Dyer, Notes on elliptic curves. II, J. Reine Angew. Math. 218 (1965), 79-108. MR0179168 (31 #3419)

(Bom90) Enrico Bombieri, The Mordell conjecture revisited, Ann. Scuola Norm. Sup. Pisa Cl. Sci. (4) 17 (1990), no. 4, 615-640. MR1093712 (92a:11072)

(BCDT01) Christophe Breuil, Brian Conrad, Fred Diamond, and Richard Taylor, On the modularity of elliptic curves over **Q**: wild 3-adic exercises, J. Amer. Math. Soc. 14 (2001), no. 4, 843-939 (electronic), DOI 10.1090/S0894-0347-01-00370-8. MR1839918

(2002d:11058)

(Bru92) Armand Brumer, The average rank of elliptic curves. I, Invent. Math. 109 (1992), no. 3, 445-472, DOI 10.1007/BF01232033. MR1176198(93g:11057)

(BM90) Armand Brumer and Oisín McGuinness, The behavior of the Mordell-Weil group of elliptic curves, Bull. Amer. Math. Soc. (N. S.) 23 (1990), no. 2, 375-382, DOI 10.1090/S0273-0979-1990-15937-3. MR1044170 (91b:11076)

(Cha41) Claude Chabauty, Sur les points rationnels des courbes algébriques de genre supérieur à l'unité, C. R. Acad. Sci. Paris 212 (1941), 882-885 (French). MR0004484(3,14d)

(CL84) H. Cohen and H. W. Lenstra. Jr., Heuristics on class groups of number fields, Number theory, Noordwijkerhout 1983 (Noordwijkerhout, 1983), Lecture Notes in Math., vol. 1068, Springer, Berlin, 1984, pp. 33-62, DOI 10.1007/BFb0099440. MR756082 (85j:11144)

(CM87) H. Cohen and J. Martinet, Class groups of number fields: numerical heuristics, Math. Comp. 48 (1987), no. 177, 123-137, DOI 10.2307/2007878. MR866103(88e:11112)

(Col85) Robert F. Coleman, Effective Chabauty, Duke Math. J. 52 (1985), no. 3, 765-770, DOI 10.1215/S0012-7094-85-05240-8. MR808103 (87f:11043)

(CKRS02) J. B. Conrey, J. P. Keating, M. O. Rubinstein, and N. C. Snaith, On the frequency of vanishing of quadratic twists of modular L-functions, Number Theory for the Millennium, I (Urbana, IL, 2000), A K Peters, Natick, MA, 2002, pp. 301-315. MR1956231 (2003m:11141)

(Cre06) John Cremona, The elliptic curve database for conductors to 130000, Algorith-mic number theory, Lecture Notes in Comput. Sci., vol. 4076, Springer, Berlin, 2006, pp. 11-29, DOI 10.1007/11792086 2. MR2282912 (2007k:11087)

(Cre12) John Cremona, mwrank program, 2012, http://homepages.warwick.ac.uk/"masgaj/mwrank/.

(CR03) J. E. Cremona and D. Rusin, Efficient solution of rational conics, Math. Comp. 72 (2003), no. 243, 1417-1441 (electronic),

参考资料

	DOI 10.1090/S0025-5718-02-01480-1. MR1972744 (2004a:11137)
(CFS10)	John E. Cremona, Tom A. Fisher, and Michael Stoll, Minimisation and reduction of 2-,3-and 4-coverings of elliptic curves, Algebra Number Theory 4 (2010), no. 6, 763-820, DOI 10.2140/ant.2010.4.763. MR2728489 (2012c:11120)
(DW88)	Boris Datskovsky and David J. Wright, Density of discriminants of cubic ex-tensions, J. Reine Angew. Math. 386 (1988), 116-138, DOI 10.1515/crll.1988.386.116. MR936994(90b:11112)
(Dav51a)	H. Davenport, On a principle of Lipschitz, J. London Math. Soc. 26(1951),179-183. MR0043821 (13,323d)
(Dav51b)	H. Davenport, On the class-number of binary cubic forms. I, J. London Math. Soc. 26 (1951),183-192, MR0043822 (13,323e)
(Dav51c)	H. Davenport, On the class-number of binary cubic forms. II, J. London Math. Soc. 26 (1951), 192-198. MR0043823 (13,323f)
(Dav64)	H. Davenport, Corrigendum: "On a principle of Lipschitz", J. London Math. Soc. 39 (1964), 580. MR0166155(29 #3433)
(DH69)	H. Davenort and H. Heilbronn, On the density of discriminants of cubic fields, Bull. London Math. Soc. 1 (1969), 345-348. MR0254010(40#7223)
(Del01)	Christophe Delaunay, Heuristics on Tate-Shafarevitch groups of elliptic curves defined over $\mathbf{Q}$, Experiment. Math. 10 (2001), no. 2, 191-196. MR1837670(2003a:11065)
(Del07)	Christophe Delaunay, Heuristics on class groups and on Tate-Shafarevich groups: the magic of the Cohen-Lenstra heuristics, Ranks of Elliptic Curves and Random Matrix Theory, London Math. Soc. Lecture Note Ser., vol. 341, Cambridge Univ. Press, Cambridge, 2007, pp. 323-340.
(DF64)	B. N. Delone and D. K. Faddeev, The theory of irrationalities of the third degree, Translations of Mathematical Monographs, Vol. 10, American Mathe-matical Society, Providence, R. I., 1964. MR0160744 (28 #3955)
(DD10)	Tim Dokchitser and Vladimir Dokchitser, On the Birch-Swinnerton-Dyer quo-tients modulo squares, Ann. of Math. (2) 172 (2010), no. 1, 567-596, DOI 10.4007/annals.2010.172.567.

MR2680426(2011h:11069)

(Eke91) Torsten Ekedahl, An infinite version of the Chinese remainder theorem, Com-ment. Math. Univ. St. Paul. 40 (1991), no. 1, 53-59. MR1104780 (92h:11027)

(Elk07) Noam Elkies, Three lectures on elliptic surfaces and curves of high rank, 2007, http://arxiv.org/abs/0709.2908.

(Fal183) G. Faltings, Endlichkeitssätze für abelsche Varietäten über Zahlkorpern, Invent. Math. 73 (1983), no. 3, 349-366, DOI 10.1007/BF01388432 (German). MR718935 (85g:11026a)

(Fal91) Gerd Faltings. Diophantine approximation on abelian varieties, Ann. of Math. (2) 133 (1991), no. 3, 549-576, DOI 10.2307/2944319. MR1109353 (93d:11066)

(Gau01) Carl Friedrich Gauss, Disquisitiones arithmeticae, 1801.

(Gol79) Dorian Goldfeld, Conjectures on elliptic curves over quadratic fields, Number theory, Carbondale 1979 (Proc. Southern Illinois Conf., Southern Illinois Univ., Carbondale, Ill., 1979), Lecture Notes in Math., vol. 751, Springer, Berlin, 1979, pp. 108-118. MR564926 (81i:12014)

(HB93) D. R. Heath-Brown, The size of Selmer groups for the congruent number problem, Invent. Math. 111 (1993), no. 1, 171-195, DOI 10.1007/BF01231285. MR1193603(93j:11038)

(HB94) D. R. Heath-Brown, The size of Selmer groups for the congruent number problem. II, Invent. Math. 118 (1994), no. 2, 331-370, DOI 10.1007/BF01231536. With an appendix by P. Monsky, MR1292115 (95h:11064)

(HB04) D. R. Heath-Brown, The average analytic rank of elliptic curves, Duke Math. J. 122 (2004), no. 3, 591-623, DOI 10.1215/S0012-7094-04-12235-3. MR2057019(2004m:11084)

(dJ02) A. J. de Jong, Counting elliptic surfaces over finite fields, Mosc. Math. J. 2(2002), no. 2, 281-311. Dedicated to Yuri I. Manin on the occasion of his 65th birthday. MR1944508 (2003m:11080)

(KY97) Anthony C. Kable and Akihiko Yukie, Prehomogeneous vector spaces and field extensions, II, Invent. Math. 130 (1997), no. 2, 315-344, DOI 10.1007/s002220050187. MR1474160 (99c:12005)

(KY02)　Anthony C. Kable and Akihiko Yukie, The mean value of the product of class numbere of paired quadratic fields. I, Tohoku Math. J. (2) 54 (2002), no. 4, 513-565. MR1936267 (2003h: 11150)

(Kan12)　Daniel M. Kane, On the ranks of the 2-Selmer groups of twists of a given elliptic curve, 2012, http://arxlv.org/abs/1009.1365.

(KS99)　Nicholas M. Katz and Peter Sarnak, Random matrices, Frobenius eigenvalues, and moonodromy, American Mathematical Society Colloquium Publications, vol. 45, American Mathematical Society, Providence, RI, 1999. MR1659828(2000b:11070)

(KS00)　J. P. Keating and N. C. Snaith, Random matrix theory and $\zeta(1/2+it)$, Comm. Math. Phys. 214 (2000), no. 1, 57-89, DOI 10.1007/s002200000261. MR1794265 (2002c:11107)

(KMR11)　Zev Klagsbrun, Barry Mazur, and Karl Rubin, Selmer ranks of quadratic twists of elliptic curves, 2011, http://arxiv.org/abs/1111.2321.

(Kol88)　V. A. Kolyvagin, Finiteness of $E(\mathbf{Q})$ and $\mathrm{III}(E,\mathbf{Q})$ for a subclass of Weil curves, Izv. Akad. Nauk SSSR Ser. Mat. 52 (1988), no. 3, 522-540, 670-671 (Russian); English transl., Math. USSR-Izv. 32 (1989), no. 3, 523-541. MR954295(89m:11056)

(Maz77)　Barry Mazur, Modular curves and the Eisenstein ideal, Inst. Hautes Études Sci. Publ. Math. 47 (1977), 33-186 (1978). MR488287 (80c:14015)

(MR10)　Barry Mazur and Karl Rubin, Ranks of twists of elliptic curves and Hilbert's tenth problem, Invent. Math. 181 (2010), no. 3, 541-575, DOI 10.1007/s00222-010-0252-0. MR2660452 (2012a:11069)

(Mer74)　F. Mertens, Ueber einige asymptotische Gesetze der Zahlentheorie, J. Reine Angew. Math. 77 (1874), 289-338.

(Mor22)　Louis J. Mordell, On the rational solutions of the indeterminate equation of the third and fourth degrees, Proc. Cambridge Philos. Soc. 21 (1922), 179-192.

(Poo03)　Bjorn Poonen, Squarefree values of multivariable polynomials, Duke Math. J. 118 (2003), no. 2, 353-373, DOI 10.1215/S0012-7094-03-11826-8. MR1980998(2004d:11094)

(Poo04) Bjorn Poonen, Bertini theorems over finite fields, Ann. of Math. (2)160(2004), no. 3,1099-1127,DOI 10. 4007/annals. 2004. 160. 1099. MR2144974（2006a:14035）

(Poo12) Bjorn Poonen, Average rank of elliptic curves, Séminaire Bourbaki, 2011-2012,64ème année no. 1049.

(PR12) Bjorn Poonen and Eric Rains, Random maximal isotropic subspaces and Selmer groups, J. Amer. Math. Soc. 25 (2012), no. 1, 245-269, DOI 10. 1090/S0894-0347-2011-00710-8. MR2833483

(PS) Bjorn Poonen and Michael Stoll, Chabauty's method proves that most odd degree hyperelliptic cuves have only one rational point, in preparation.

(SS74) Mikio Sato and Takuro Shintani, On zeta functions associated with prehomoge neous vector spaces, Ann. of Math. (2) 100 (1974), 131-170. MR0344230（49♯8969）

(SW13) Arul Shankar and Xiaoheng Wang, Average size of the 2-Selmer group of jacobians of monic even hyperelliptic curves, 2013, http://arxiv. org/abs/1307. 3531.

(Sie44) Carl Ludwig Siegel, The average measure of quadratic forms with given deter-minant and signature, Ann. of Math. (2) 45 (1944), 667-685. MR0012642(7,51a)

(Sie66) Carl Ludwig Siegel, Über einige Anwendungen diophantischer Approximationen(1929), Gesammelte Abhandlungen. Bände I, II,III, Springer-Verlag, Berlin,1966,pp. 209-266.

(Sil07) A. Silverberg, The distribution of ranks in families of quadratic twists of elliptic curves, Ranks of elliptic curves and random matrix theory, London Math. Soc. Lecture Note Ser. , vol. 341, Cambridge Univ. Press, Cambridge, 2007, pp. 171-176, DOI 10. 1017/CBO9780511735158. 008. MR2322342（2008c:11087）

(Sil92) Joseph H. Silverman, The arithmetic of elliptic curves, Graduate Texts in Math ematics, vol. 106, Springer-Verlag, New York,1992. Corrected reprint of the 1986 original. MR1329092 (95m:11054)

(SU06) Christopher Skinner and Eric Urban, Vanishing of L-functions and ranks of Selmer groups, International Congress of Mathematicians. Vol. II, Eur. Math. Soc. , Zürich, 2006, pp. 473-500.

MR2275606 (2008a:11063)

(SU10) Christopher Skinner and Eric Urban, The Iwasawa main conjectures for $GL(2)$. preprint. Available at http://www.math.columbia.edu/"urban/eurp/MC.pdf, 2010.

(SW02) William A. Stein and Mark Watkins, A database of elliptic curves-first. report, Algorithmic number theory (Sydney, 2002), Lecture Notes in Comput. Sci., vol. 2369, Springer, Berlin, 2002, pp. 267-275, DOI 10.1007/3-540-45455-1_22. MR2041090 (2005h:11113)

(S^+12) W. A. Stein et al., Sage Mathematics Software (Version 5.3), The Sage Devel-opment Team, 2012, http://www.sagemath.org.

(SD08) Peter Swinnerton-Dyer, The effect of twisting on the 2-Selmer group, Math. Proc. Cambridge Philos. Soc. 145 (2008), no. 3, 513-526, DOI 10.1017/S0305004108001588. MR2464773 (2010d:11059)

(Tan08) Takashi Taniguchi, A mean value theorem for the square of class number times regulator of quadratic extensions, Ann. Inst. Fourier (Grenoble) 58 (2008), no. 2, 625-670 (English, with English and French summaries). MR2410385(2009m:11147)

(TT11) Takashi Taniguchi and Frank Thorne, Secondary terms in counting functions for cubic fields, 2011, http://arxiv.org/abs/1102.2914.

(TW95) Richard Taylor and Andrew Wiles, Ring-theoretic properties of certain Heckealgebras, Ann. of Math. (2) 141 (1995), no. 3, 553-572, DOI 10.2307/2118560. MR1333036 (96d:11072)

(Tho12) Jack A. Thorne, The Arithmetic of Simple Singularities, ProQuest LLC, Ann Arbor, MI, 2012. Thesis (Ph.D.)-Harvard University. MR3054927

(Voj91) Paul Vojta, Siegel's theorem in the compact case, Ann. of Math. (2) 133 (1991), no. 3, 509-548, DOI 10.2307/2944318. MR1109352 (93d:11065)

(Wat07) Mark Watkins, Rank distribution in a family of cubic twists, Ranks of Elliptic Curves and Random Matrix Theory, London Math. Soc. Lecture Note Ser., vol. 341, Cambridge Univ.

(Wat08) Mark Watkins, Some heuristics about elliptic curves, Experiment. Math. 17(2008), no. 1, 105-125. MR2410120(2009g: 11076)

(Wil95) Andrew Wiles, Modular elliptic curves and Fermat's last theorem, Ann. of Math. (2) 141(1995), no. 3, 443-551, DOI 10.2307/2118559. MR1333035(96d:11071)

(WY92) David J. Wright and Akihiko Yukie, Prehomogeneous vector spaces and field extensions, Invent. Math. 110(1992), no. 2, 283-314, DOI 10.1007/BF01231334. MR1185585(93j:12004)

(You06) Matthew P. Young, Low-lying zeros of families of elliptic curves, J. Amer. Math. Soc. 19(2006), no. 1, 205-250, DOI 10.1090/S0894-0347-05-00503-5. MR2169047(2006d:11072)

(Yu05) Gang Yu, Average size of 2-Selmer groups of elliptic curves. II, Acta Arith. 117(2005), no. 1, 1-33, DOI 10.4064/aa117-1-1. MR2110501(2006b:11054)

(Yu06) Gang Yu, Average size of 2-Selmer groups of elliptic curves. I, Trans. Amer. Math. Soc. 358(2006), no. 4, 1563-1584(electronic), DOI 10.1090/S0002-9947-05-03806-7. MR2186986(2006j:11080)

(Yuk93) Akihiko Yukie, Shintani zeta functions, London Mathematical Society Lecture Note Series, vol. 183, Cambridge University Press, Cambridge, 1993. MR1267735(95h:11037)

(Yuk97) Akihiko Yukie, Prehomogeneous vector spaces and field extensions. III, J. Number Theory 67(1997), no. 1, 115-137, DOI 10.1006/jnth.1997.2182. MR1485429(99c:12006)

(ZK87) D. Zagier and G. Kramarz, Numerical investigations related to the L-series of certain elliptic curves, J. Indian Math. Soc. (N.S.) 52(1987), 51-69(1988). MR989230(90d:11072)

刘培杰数学工作室
已出版(即将出版)图书目录——初等数学

书　　名	出版时间	定价	编号
新编中学数学解题方法全书(高中版)上卷(第2版)	2018—08	58.00	951
新编中学数学解题方法全书(高中版)中卷(第2版)	2018—08	68.00	952
新编中学数学解题方法全书(高中版)下卷(一)(第2版)	2018—08	58.00	953
新编中学数学解题方法全书(高中版)下卷(二)(第2版)	2018—08	58.00	954
新编中学数学解题方法全书(高中版)下卷(三)(第2版)	2018—08	68.00	955
新编中学数学解题方法全书(初中版)上卷	2008—01	28.00	29
新编中学数学解题方法全书(初中版)中卷	2010—07	38.00	75
新编中学数学解题方法全书(高考复习卷)	2010—01	48.00	67
新编中学数学解题方法全书(高考真题卷)	2010—01	38.00	62
新编中学数学解题方法全书(高考精华卷)	2011—03	68.00	118
新编平面解析几何解题方法全书(专题讲座卷)	2010—01	18.00	61
新编中学数学解题方法全书(自主招生卷)	2013—08	88.00	261
数学奥林匹克与数学文化(第一辑)	2006—05	48.00	4
数学奥林匹克与数学文化(第二辑)(竞赛卷)	2008—01	48.00	19
数学奥林匹克与数学文化(第二辑)(文化卷)	2008—07	58.00	36'
数学奥林匹克与数学文化(第三辑)(竞赛卷)	2010—01	48.00	59
数学奥林匹克与数学文化(第四辑)(竞赛卷)	2011—08	58.00	87
数学奥林匹克与数学文化(第五辑)	2015—06	98.00	370
世界著名平面几何经典著作钩沉——几何作图专题卷(共3卷)	2022—01	198.00	1460
世界著名平面几何经典著作钩沉(民国平面几何老课本)	2011—03	38.00	113
世界著名平面几何经典著作钩沉(建国初期平面三角老课本)	2015—08	38.00	507
世界著名解析几何经典著作钩沉——平面解析几何卷	2014—01	38.00	264
世界著名数论经典著作钩沉(算术卷)	2012—01	28.00	125
世界著名数学经典著作钩沉——立体几何卷	2011—02	28.00	88
世界著名三角学经典著作钩沉(平面三角卷Ⅰ)	2010—06	28.00	69
世界著名三角学经典著作钩沉(平面三角卷Ⅱ)	2011—01	38.00	78
世界著名初等数论经典著作钩沉(理论和实用算术卷)	2011—07	38.00	126
世界著名几何经典著作钩沉(解析几何卷)	2022—10	68.00	1564
发展你的空间想象力(第3版)	2021—01	98.00	1464
空间想象力进阶	2019—05	68.00	1062
走向国际数学奥林匹克的平面几何试题诠释.第1卷	2019—07	88.00	1043
走向国际数学奥林匹克的平面几何试题诠释.第2卷	2019—09	78.00	1044
走向国际数学奥林匹克的平面几何试题诠释.第3卷	2019—03	78.00	1045
走向国际数学奥林匹克的平面几何试题诠释.第4卷	2019—09	98.00	1046
平面几何证明方法全书	2007—08	48.00	1
平面几何证明方法全书习题解答(第2版)	2006—12	18.00	10
平面几何天天练上卷·基础篇(直线型)	2013—01	58.00	208
平面几何天天练中卷·基础篇(涉及圆)	2013—01	28.00	234
平面几何天天练下卷·提高篇	2013—01	58.00	237
平面几何专题研究	2013—07	98.00	258
平面几何解题之道.第1卷	2022—05	38.00	1494
几何学习题集	2020—10	48.00	1217
通过解题学习代数几何	2021—04	88.00	1301
圆锥曲线的奥秘	2022—06	88.00	1541

刘培杰数学工作室
已出版（即将出版）图书目录——初等数学

书　名	出版时间	定　价	编号
最新世界各国数学奥林匹克中的平面几何试题	2007—09	38.00	14
数学竞赛平面几何典型题及新颖解	2010—07	48.00	74
初等数学复习及研究(平面几何)	2008—09	68.00	38
初等数学复习及研究(立体几何)	2010—06	38.00	71
初等数学复习及研究(平面几何)习题解答	2009—01	58.00	42
几何学教程(平面几何卷)	2011—03	68.00	90
几何学教程(立体几何卷)	2011—07	68.00	130
几何变换与几何证题	2010—06	88.00	70
计算方法与几何证题	2011—06	28.00	129
立体几何技巧与方法(第2版)	2022—10	168.00	1572
几何瑰宝——平面几何500名题暨1500条定理(上、下)	2021—07	168.00	1358
三角形的解法与应用	2012—07	18.00	183
近代的三角形几何学	2012—07	48.00	184
一般折线几何学	2015—08	48.00	503
三角形的五心	2009—06	28.00	51
三角形的六心及其应用	2015—10	68.00	542
三角形趣谈	2012—08	28.00	212
解三角形	2014—01	28.00	265
探秘三角形:一次数学旅行	2021—10	68.00	1387
三角学专门教程	2014—09	28.00	387
图天下几何新题试卷.初中(第2版)	2017—11	58.00	855
圆锥曲线习题集(上册)	2013—06	68.00	255
圆锥曲线习题集(中册)	2015—01	78.00	434
圆锥曲线习题集(下册·第1卷)	2016—01	78.00	683
圆锥曲线习题集(下册·第2卷)	2018—01	98.00	853
圆锥曲线习题集(下册·第3卷)	2019—10	128.00	1113
圆锥曲线的思想方法	2021—08	48.00	1379
圆锥曲线的八个主要问题	2021—10	48.00	1415
论九点圆	2015—05	88.00	645
论圆的几何学	2024—06	48.00	1736
近代欧氏几何学	2012—03	48.00	162
罗巴切夫斯基几何学及几何基础概要	2012—07	28.00	188
罗巴切夫斯基几何学初步	2015—06	28.00	474
用三角、解析几何、复数、向量计算解数学竞赛几何题	2015—03	48.00	455
用解析法研究圆锥曲线的几何理论	2022—05	48.00	1495
美国中学几何教程	2015—04	88.00	458
三线坐标与三角形特征点	2015—04	98.00	460
坐标几何学基础.第1卷,笛卡儿坐标	2021—08	48.00	1398
坐标几何学基础.第2卷,三线坐标	2021—09	28.00	1399
平面解析几何方法与研究(第1卷)	2015—05	28.00	471
平面解析几何方法与研究(第2卷)	2015—06	38.00	472
平面解析几何方法与研究(第3卷)	2015—07	28.00	473
解析几何研究	2015—01	38.00	425
解析几何学教程.上	2016—01	38.00	574
解析几何学教程.下	2016—01	38.00	575
几何学基础	2016—01	58.00	581
初等几何研究	2015—02	58.00	444
十九和二十世纪欧氏几何学中的片段	2017—01	58.00	696
平面几何中考.高考.奥数一本通	2017—07	28.00	820
几何学简史	2017—08	28.00	833
四面体	2018—01	48.00	880
平面几何证明方法思路	2018—12	68.00	913
折纸中的几何练习	2022—09	48.00	1559
中学新几何学(英文)	2022—10	98.00	1562
线性代数与几何	2023—04	68.00	1633

刘培杰数学工作室
已出版(即将出版)图书目录——初等数学

书　　名	出版时间	定　价	编号
四面体几何学引论	2023—06	68.00	1648
平面几何图形特性新析.上篇	2019—01	68.00	911
平面几何图形特性新析.下篇	2018—06	88.00	912
平面几何范例多解探究.上篇	2018—04	48.00	910
平面几何范例多解探究.下篇	2018—12	68.00	914
从分析解题过程学解题：竞赛中的几何问题研究	2018—07	68.00	946
从分析解题过程学解题：竞赛中的向量几何与不等式研究(全2册)	2019—06	138.00	1090
从分析解题过程学解题：竞赛中的不等式问题	2021—01	48.00	1249
二维、三维欧氏几何的对偶原理	2018—12	38.00	990
星形大观及闭折线论	2019—03	68.00	1020
立体几何的问题和方法	2019—11	58.00	1127
三角代换论	2021—05	58.00	1313
俄罗斯平面几何问题集	2009—08	88.00	55
俄罗斯立体几何问题集	2014—03	58.00	283
俄罗斯几何大师——沙雷金论数学及其他	2014—01	48.00	271
来自俄罗斯的5000道几何习题及解答	2011—03	58.00	89
俄罗斯初等数学问题集	2012—05	38.00	177
俄罗斯函数问题集	2011—03	38.00	103
俄罗斯组合分析问题集	2011—01	48.00	79
俄罗斯初等数学万题选——三角卷	2012—11	38.00	222
俄罗斯初等数学万题选——代数卷	2013—08	68.00	225
俄罗斯初等数学万题选——几何卷	2014—01	68.00	226
俄罗斯《量子》杂志数学征解问题100题选	2018—08	48.00	969
俄罗斯《量子》杂志数学征解问题又100题选	2018—08	48.00	970
俄罗斯《量子》杂志数学征解问题	2020—05	48.00	1138
463个俄罗斯几何老问题	2012—01	28.00	152
《量子》数学短文精粹	2018—09	38.00	972
用三角、解析几何等计算解来自俄罗斯的几何题	2019—11	88.00	1119
基谢廖夫平面几何	2022—01	48.00	1461
基谢廖夫立体几何	2023—04	48.00	1599
数学：代数、数学分析和几何(10—11年级)	2021—01	48.00	1250
直观几何学：5—6年级	2022—04	58.00	1508
几何学：第2版.7—9年级	2023—08	68.00	1684
平面几何：9—11年级	2022—10	48.00	1571
立体几何.10—11年级	2022—01	58.00	1472
几何快递	2024—05	48.00	1697

书　　名	出版时间	定　价	编号
谈谈素数	2011—03	18.00	91
平方和	2011—03	18.00	92
整数论	2011—05	38.00	120
从整数谈起	2015—10	28.00	538
数与多项式	2016—01	38.00	558
谈谈不定方程	2011—05	28.00	119
质数漫谈	2022—07	68.00	1529

书　　名	出版时间	定　价	编号
解析不等式新论	2009—06	68.00	48
建立不等式的方法	2011—03	98.00	104
数学奥林匹克不等式研究(第2版)	2020—07	68.00	1181
不等式研究(第三辑)	2023—08	198.00	1673
不等式的秘密(第一卷)(第2版)	2014—02	38.00	286
不等式的秘密(第二卷)	2014—01	38.00	268
初等不等式的证明方法	2010—06	38.00	123
初等不等式的证明方法(第二版)	2014—11	38.00	407
不等式·理论·方法(基础卷)	2015—07	38.00	496
不等式·理论·方法(经典不等式卷)	2015—07	38.00	497
不等式·理论·方法(特殊类型不等式卷)	2015—07	48.00	498
不等式探究	2016—03	38.00	582
不等式探秘	2017—01	88.00	689

刘培杰数学工作室
已出版（即将出版）图书目录——初等数学

书　　　名	出版时间	定　价	编号
四面体不等式	2017—01	68.00	715
数学奥林匹克中常见重要不等式	2017—09	38.00	845
三正弦不等式	2018—09	98.00	974
函数方程与不等式：解法与稳定性结果	2019—04	68.00	1058
数学不等式. 第1卷，对称多项式不等式	2022—05	78.00	1455
数学不等式. 第2卷，对称有理不等式与对称无理不等式	2022—05	88.00	1456
数学不等式. 第3卷，循环不等式与非循环不等式	2022—05	88.00	1457
数学不等式. 第4卷，Jensen不等式的扩展与加细	2022—05	88.00	1458
数学不等式. 第5卷，创建不等式与解不等式的其他方法	2022—05	88.00	1459
不定方程及其应用. 上	2018—12	58.00	992
不定方程及其应用. 中	2019—01	78.00	993
不定方程及其应用. 下	2019—02	98.00	994
Nesbitt不等式加强式的研究	2022—06	128.00	1527
最值定理与分析不等式	2023—02	78.00	1567
一类积分不等式	2023—02	88.00	1579
邦费罗尼不等式及概率应用	2023—05	58.00	1637
同余理论	2012—05	38.00	163
[x]与{x}	2015—04	48.00	476
极值与最值. 上卷	2015—06	28.00	486
极值与最值. 中卷	2015—06	38.00	487
极值与最值. 下卷	2015—06	28.00	488
整数的性质	2012—11	38.00	192
完全平方数及其应用	2015—08	78.00	506
多项式理论	2015—10	88.00	541
奇数、偶数、奇偶分析法	2018—01	98.00	876
历届美国中学生数学竞赛试题及解答（第一卷）1950—1954	2014—07	18.00	277
历届美国中学生数学竞赛试题及解答（第二卷）1955—1959	2014—04	18.00	278
历届美国中学生数学竞赛试题及解答（第三卷）1960—1964	2014—06	18.00	279
历届美国中学生数学竞赛试题及解答（第四卷）1965—1969	2014—04	28.00	280
历届美国中学生数学竞赛试题及解答（第五卷）1970—1972	2014—06	18.00	281
历届美国中学生数学竞赛试题及解答（第六卷）1973—1980	2017—07	18.00	768
历届美国中学生数学竞赛试题及解答（第七卷）1981—1986	2015—01	18.00	424
历届美国中学生数学竞赛试题及解答（第八卷）1987—1990	2017—05	18.00	769
历届国际数学奥林匹克试题集	2023—09	158.00	1701
历届中国数学奥林匹克试题集(第3版)	2021—10	58.00	1440
历届加拿大数学奥林匹克试题集	2012—08	38.00	215
历届美国数学奥林匹克试题集	2023—08	98.00	1681
历届波兰数学竞赛试题集. 第1卷，1949～1963	2015—03	18.00	453
历届波兰数学竞赛试题集. 第2卷，1964～1976	2015—03	18.00	454
历届巴尔干数学奥林匹克试题集	2015—05	38.00	466
历届CGMO试题及解答	2024—03	48.00	1717
保加利亚数学奥林匹克	2014—10	38.00	393
圣彼得堡数学奥林匹克试题集	2015—01	38.00	429
匈牙利奥林匹克数学竞赛题解. 第1卷	2016—05	28.00	593
匈牙利奥林匹克数学竞赛题解. 第2卷	2016—05	28.00	594
历届美国数学邀请赛试题集（第2版）	2017—10	78.00	851
全美高中数学竞赛：纽约州数学竞赛(1989—1994)	2024—08	48.00	1740
普林斯顿大学数学竞赛	2016—06	38.00	669
亚太地区数学奥林匹克竞赛题	2015—07	18.00	492
日本历届（初级）广中杯数学竞赛试题及解答. 第1卷（2000～2007）	2016—05	28.00	641
日本历届（初级）广中杯数学竞赛试题及解答. 第2卷（2008～2015）	2016—05	38.00	642
越南数学奥林匹克题选：1962—2009	2021—07	48.00	1370
欧洲女子数学奥林匹克	2024—04	48.00	1723
360个数学竞赛问题	2016—08	58.00	677

刘培杰数学工作室
已出版(即将出版)图书目录——初等数学

书　名	出版时间	定价	编号
奥数最佳实战题.上卷	2017—06	38.00	760
奥数最佳实战题.下卷	2017—05	58.00	761
解决问题的策略	2024—08	48.00	1742
哈尔滨市早期中学数学竞赛试题汇编	2016—07	28.00	672
全国高中数学联赛试题及解答:1981—2019(第4版)	2020—07	138.00	1176
2024年全国高中数学联合竞赛模拟题集	2024—01	38.00	1702
20世纪50年代全国部分城市数学竞赛试题汇编	2017—07	28.00	797
国内外数学竞赛题及精解:2018～2019	2020—08	45.00	1192
国内外数学竞赛题及精解:2019～2020	2021—11	58.00	1439
许康华竞赛优学精选集.第一辑	2018—08	68.00	949
天问叶班数学问题征解100题.Ⅰ,2016—2018	2019—05	88.00	1075
天问叶班数学问题征解100题.Ⅱ,2017—2019	2020—07	98.00	1177
美国初中数学竞赛:AMC8准备(共6卷)	2019—07	138.00	1089
美国高中数学竞赛:AMC10准备(共6卷)	2019—08	158.00	1105
王连笑教你怎样学数学:高考选择题解题策略与客观题实用训练	2014—01	48.00	262
王连笑教你怎样学数学:高考数学高层次讲座	2015—02	48.00	432
高考数学的理论与实践	2009—08	38.00	53
高考数学核心题型解题方法与技巧	2010—01	28.00	86
高考思维新平台	2014—03	38.00	259
高考数学压轴题解题诀窍(上)(第2版)	2018—01	58.00	874
高考数学压轴题解题诀窍(下)(第2版)	2018—01	48.00	875
突破高考数学新定义创新压轴题	2024—08	88.00	1741
北京市五区文科数学三年高考模拟题详解:2013～2015	2015—08	48.00	500
北京市五区理科数学三年高考模拟题详解:2013～2015	2015—09	68.00	505
向量法巧解数学高考题	2009—08	28.00	54
高中数学课堂教学的实践与反思	2021—11	48.00	791
数学高考参考	2016—01	78.00	589
新课程标准高考数学解答题各种题型解法指导	2020—08	78.00	1196
全国及各省市高考数学试题审题要津与解法研究	2015—02	48.00	450
高中数学章节起始课的教学研究与案例设计	2019—05	28.00	1064
新课标高考数学——五年试题分章详解(2007～2011)(上、下)	2011—10	78.00	140,141
全国中考数学压轴题审题要津与解法研究	2013—04	78.00	248
新编全国及各省市中考数学压轴题审题要津与解法研究	2014—05	58.00	342
全国及各省市5年中考数学压轴题审题要津与解法研究(2015版)	2015—04	58.00	462
中考数学专题总复习	2007—04	28.00	6
中考数学较难题常考题型解题方法与技巧	2016—09	48.00	681
中考数学难题常考题型解题方法与技巧	2016—09	48.00	682
中考数学中档题常考题型解题方法与技巧	2017—08	68.00	835
中考数学选择填空压轴好题妙解365	2024—01	80.00	1698
中考数学:三类重点考题的解法例析与习题	2020—04	48.00	1140
中小学数学的历史文化	2019—11	48.00	1124
小升初衔接数学	2024—06	68.00	1734
赢在小升初——数学	2024—08	78.00	1739
初中平面几何百题多思创新解	2020—01	58.00	1125
初中数学中考备考	2020—01	58.00	1126
高考数学之九章演义	2019—08	68.00	1044
高考数学之难题谈笑间	2022—06	68.00	1519
化学可以这样学:高中化学知识方法智慧感悟疑难辨析	2019—07	58.00	1103
如何成为学习高手	2019—09	58.00	1107
高考数学:经典真题分类解析	2020—04	78.00	1134
高考数学解答题破解策略	2020—11	58.00	1221
从分析解题过程学解题:高考压轴题与竞赛题之关系探究	2020—08	88.00	1179
从分析解题过程学解题:数学高考与竞赛的互联互通探究	2024—06	88.00	1735
教学新思考:单元整体视角下的初中数学教学设计	2021—08	58.00	1278
思维再拓展:2020年经典几何题的多解探究与思考	即将出版		1279
中考数学小压轴汇编初讲	2017—07	48.00	788
中考数学大压轴专题微言	2017—09	48.00	846

刘培杰数学工作室
已出版(即将出版)图书目录——初等数学

书　　名	出版时间	定　价	编号
怎么解中考平面几何探索题	2019-06	48.00	1093
北京中考数学压轴题解题方法突破(第9版)	2024-01	78.00	1645
助你高考成功的数学解题智慧:知识是智慧的基础	2016-01	58.00	596
助你高考成功的数学解题智慧:错误是智慧的试金石	2016-04	58.00	643
助你高考成功的数学解题智慧:方法是智慧的推手	2016-04	68.00	657
高考数学奇思妙解	2016-04	38.00	610
高考数学解题策略	2016-05	48.00	670
数学解题泄天机(第2版)	2017-10	48.00	850
高中物理教学讲义	2018-01	48.00	871
高中物理教学讲义:全模块	2022-03	98.00	1492
高中物理答疑解惑65篇	2021-11	48.00	1462
中学物理基础问题解析	2020-08	48.00	1183
初中数学、高中数学脱节知识补缺教材	2017-06	48.00	766
高考数学客观题解题方法和技巧	2017-10	38.00	847
十年高考数学精品试题审题要津与解法研究	2021-10	98.00	1427
中国历届高考数学试题及解答.1949—1979	2018-01	38.00	877
历届中国高考数学试题及解答.第二卷,1980—1989	2018-10	28.00	975
历届中国高考数学试题及解答.第三卷,1990—1999	2018-10	48.00	976
跟我学解高中数学题	2018-07	58.00	926
中学数学研究的方法及案例	2018-05	58.00	869
高考数学抢分技能	2018-07	68.00	934
高一新生常用数学方法和重要数学思想提升教材	2018-06	38.00	921
高考数学全国卷六道解答题常考题型解题诀窍:理科(全2册)	2019-07	78.00	1101
高考数学全国卷16道选择、填空题常考题型解题诀窍.理科	2018-09	88.00	971
高考数学全国卷16道选择、填空题常考题型解题诀窍.文科	2020-01	88.00	1123
高中数学一题多解	2019-06	58.00	1087
历届中国高考数学试题及解答:1917—1999	2021-08	98.00	1371
2000~2003年全国及各省市高考数学试题及解答	2022-05	88.00	1499
2004年全国及各省市高考数学试题及解答	2023-08	78.00	1500
2005年全国及各省市高考数学试题及解答	2023-08	78.00	1501
2006年全国及各省市高考数学试题及解答	2023-08	88.00	1502
2007年全国及各省市高考数学试题及解答	2023-08	98.00	1503
2008年全国及各省市高考数学试题及解答	2023-08	88.00	1504
2009年全国及各省市高考数学试题及解答	2023-08	88.00	1505
2010年全国及各省市高考数学试题及解答	2023-08	98.00	1506
2011~2017年全国及各省市高考数学试题及解答	2024-01	78.00	1507
2018~2023年全国及各省市高考数学试题及解答	2024-03	78.00	1709
突破高原:高中数学解题思维探究	2021-08	48.00	1375
高考数学中的"取值范围"	2021-10	48.00	1429
新课程标准高中数学各种题型解法大全.必修一分册	2021-06	58.00	1315
新课程标准高中数学各种题型解法大全.必修二分册	2022-01	68.00	1471
高中数学各种题型解法大全.选择性必修一分册	2022-06	68.00	1525
高中数学各种题型解法大全.选择性必修二分册	2023-01	58.00	1600
高中数学各种题型解法大全.选择性必修三分册	2023-04	48.00	1643
高中数学专题研究	2024-05	88.00	1722
历届全国初中数学竞赛经典试题详解	2023-04	88.00	1624
孟祥礼高考数学精题精解	2023-06	98.00	1663
新编640个世界著名数学智力趣题	2014-01	88.00	242
500个最新世界著名数学智力趣题	2008-06	48.00	3
400个最新世界著名数学最值问题	2008-09	48.00	36
500个世界著名数学征解问题	2009-06	48.00	52
400个中国最佳初等数学征解老问题	2010-01	48.00	60
500个俄罗斯数学经典老题	2011-01	28.00	81
1000个国外中学物理好题	2012-04	48.00	174
300个日本高考数学题	2012-05	38.00	142
700个早期日本高考数学试题	2017-02	88.00	752

刘培杰数学工作室
已出版(即将出版)图书目录——初等数学

书　　名	出版时间	定　价	编号
500个前苏联早期高考数学试题及解答	2012—05	28.00	185
546个早期俄罗斯大学生数学竞赛题	2014—03	38.00	285
548个来自美苏的数学好问题	2014—11	28.00	396
20所苏联著名大学早期入学试题	2015—02	18.00	452
161道德国工科大学生必做的微分方程习题	2015—05	28.00	469
500个德国工科大学生必做的高数习题	2015—06	28.00	478
360个数学竞赛问题	2016—08	58.00	677
200个趣味数学故事	2018—02	48.00	857
470个数学奥林匹克中的最值问题	2018—10	88.00	985
德国讲义日本考题. 微积分卷	2015—04	48.00	456
德国讲义日本考题. 微分方程卷	2015—04	38.00	457
二十世纪中叶中、英、美、日、法、俄高考数学试题精选	2017—06	38.00	783
中国初等数学研究　2009卷(第1辑)	2009—05	20.00	45
中国初等数学研究　2010卷(第2辑)	2010—05	30.00	68
中国初等数学研究　2011卷(第3辑)	2011—07	60.00	127
中国初等数学研究　2012卷(第4辑)	2012—07	48.00	190
中国初等数学研究　2014卷(第5辑)	2014—02	48.00	288
中国初等数学研究　2015卷(第6辑)	2015—06	68.00	493
中国初等数学研究　2016卷(第7辑)	2016—04	68.00	609
中国初等数学研究　2017卷(第8辑)	2017—01	98.00	712
初等数学研究在中国. 第1辑	2019—03	158.00	1024
初等数学研究在中国. 第2辑	2019—10	158.00	1116
初等数学研究在中国. 第3辑	2021—05	158.00	1306
初等数学研究在中国. 第4辑	2022—06	158.00	1520
初等数学研究在中国. 第5辑	2023—07	158.00	1635
几何变换(Ⅰ)	2014—07	28.00	353
几何变换(Ⅱ)	2015—06	28.00	354
几何变换(Ⅲ)	2015—01	38.00	355
几何变换(Ⅳ)	2015—12	38.00	356
初等数论难题集(第一卷)	2009—05	68.00	44
初等数论难题集(第二卷)(上、下)	2011—02	128.00	82,83
数论概貌	2011—03	18.00	93
代数数论(第二版)	2013—08	58.00	94
代数多项式	2014—06	38.00	289
初等数论的知识与问题	2011—02	28.00	95
超越数论基础	2011—03	28.00	96
数论初等教程	2011—03	28.00	97
数论基础	2011—03	18.00	98
数论基础与维诺格拉多夫	2014—03	18.00	292
解析数论基础	2012—08	28.00	216
解析数论基础(第二版)	2014—01	48.00	287
解析数论问题集(第二版)(原版引进)	2014—05	88.00	343
解析数论问题集(第二版)(中译本)	2016—04	88.00	607
解析数论基础(潘承洞,潘承彪著)	2016—07	98.00	673
解析数论导引	2016—07	58.00	674
数论入门	2011—03	38.00	99
代数数论入门	2015—03	38.00	448

刘培杰数学工作室
已出版（即将出版）图书目录——初等数学

书　　名	出版时间	定　价	编号
数论开篇	2012—07	28.00	194
解析数论引论	2011—03	48.00	100
Barban Davenport Halberstam 均值和	2009—01	40.00	33
基础数论	2011—03	28.00	101
初等数论 100 例	2011—05	18.00	122
初等数论经典例题	2012—07	18.00	204
最新世界各国数学奥林匹克中的初等数论试题(上、下)	2012—01	138.00	144,145
初等数论(Ⅰ)	2012—01	18.00	156
初等数论(Ⅱ)	2012—01	18.00	157
初等数论(Ⅲ)	2012—01	28.00	158
平面几何与数论中未解决的新老问题	2013—01	68.00	229
代数数论简史	2014—11	28.00	408
代数数论	2015—09	88.00	532
代数、数论及分析习题集	2016—11	98.00	695
数论导引提要及习题解答	2016—01	48.00	559
素数定理的初等证明.第2版	2016—09	48.00	686
数论中的模函数与狄利克雷级数(第二版)	2017—11	78.00	837
数论：数学导引	2018—01	68.00	849
范氏大代数	2019—02	98.00	1016
解析数学讲义.第一卷,导来式及微分、积分、级数	2019—04	88.00	1021
解析数学讲义.第二卷,关于几何的应用	2019—04	68.00	1022
解析数学讲义.第三卷,解析函数论	2019—04	78.00	1023
分析・组合・数论纵横谈	2019—04	58.00	1039
Hall 代数：民国时期的中学数学课本：英文	2019—08	88.00	1106
基谢廖夫初等代数	2022—07	38.00	1531
基谢廖夫算术	2024—05	48.00	1725
数学精神巡礼	2019—01	58.00	731
数学眼光透视(第2版)	2017—06	78.00	732
数学思想领悟(第2版)	2018—01	68.00	733
数学方法溯源(第2版)	2018—08	68.00	734
数学解题引论	2017—05	58.00	735
数学史话览胜(第2版)	2017—01	48.00	736
数学应用展观(第2版)	2017—08	68.00	737
数学建模尝试	2018—04	48.00	738
数学竞赛采风	2018—01	68.00	739
数学测评探营	2019—05	58.00	740
数学技能操握	2018—03	48.00	741
数学欣赏拾趣	2018—02	48.00	742
从毕达哥拉斯到怀尔斯	2007—10	48.00	9
从迪利克雷到维斯卡尔迪	2008—01	48.00	21
从哥德巴赫到陈景润	2008—05	98.00	35
从庞加莱到佩雷尔曼	2011—08	138.00	136
博弈论精粹	2008—03	58.00	30
博弈论精粹.第二版(精装)	2015—01	88.00	461
数学 我爱你	2008—01	28.00	20
精神的圣徒　别样的人生——60位中国数学家成长的历程	2008—09	48.00	39
数学史概论	2009—06	78.00	50

刘培杰数学工作室
已出版(即将出版)图书目录——初等数学

书 名	出版时间	定 价	编号
数学史概论(精装)	2013—03	158.00	272
数学史选讲	2016—01	48.00	544
斐波那契数列	2010—02	28.00	65
数学拼盘和斐波那契魔方	2010—07	38.00	72
斐波那契数列欣赏(第2版)	2018—08	58.00	948
Fibonacci数列中的明珠	2018—06	58.00	928
数学的创造	2011—02	48.00	85
数学美与创造力	2016—01	48.00	595
数海拾贝	2016—01	48.00	590
数学中的美(第2版)	2019—04	68.00	1057
数论中的美学	2014—12	38.00	351
数学王者 科学巨人——高斯	2015—01	28.00	428
振兴祖国数学的圆梦之旅:中国初等数学研究史话	2015—06	98.00	490
二十世纪中国数学史料研究	2015—10	48.00	536
《九章算法比类大全》校注	2024—06	198.00	1695
数字谜、数阵图与棋盘覆盖	2016—01	58.00	298
数学概念的进化:一个初步的研究	2023—07	68.00	1683
数学发现的艺术:数学探索中的合情推理	2016—07	58.00	671
活跃在数学中的参数	2016—07	48.00	675
数海趣史	2021—05	98.00	1314
玩转幻中之幻	2023—08	88.00	1682
数学艺术品	2023—09	98.00	1685
数学博弈与游戏	2023—10	68.00	1692
数学解题——靠数学思想给力(上)	2011—07	38.00	131
数学解题——靠数学思想给力(中)	2011—07	48.00	132
数学解题——靠数学思想给力(下)	2011—07	38.00	133
我怎样解题	2013—01	48.00	227
数学解题中的物理方法	2011—06	28.00	114
数学解题的特殊方法	2011—06	48.00	115
中学数学计算技巧(第2版)	2020—10	48.00	1220
中学数学证明方法	2012—01	58.00	117
数学趣题巧解	2012—03	28.00	128
高中数学教学通鉴	2015—05	58.00	479
和高中生漫谈:数学与哲学的故事	2014—08	28.00	369
算术问题集	2017—03	38.00	789
张教授讲数学	2018—07	38.00	933
陈永明实话实说数学教学	2020—04	68.00	1132
中学数学学科知识与教学能力	2020—06	58.00	1155
怎样把课讲好:大罕数学教学随笔	2022—03	58.00	1484
中国高考评价体系下高考数学探秘	2022—03	48.00	1487
数苑漫步	2024—01	58.00	1670
自主招生考试中的参数方程问题	2015—01	28.00	435
自主招生考试中的极坐标问题	2015—04	28.00	463
近年全国重点大学自主招生数学试题全解及研究.华约卷	2015—02	38.00	441
近年全国重点大学自主招生数学试题全解及研究.北约卷	2016—05	38.00	619
自主招生数学解证宝典	2015—09	48.00	535
中国科学技术大学创新班数学真题解析	2022—03	48.00	1488
中国科学技术大学创新班物理真题解析	2022—03	58.00	1489
格点和面积	2012—07	18.00	191
射影几何趣谈	2012—04	28.00	175
斯潘纳尔引理——从一道加拿大数学奥林匹克试题谈起	2014—01	28.00	228
李普希兹条件——从几道近年高考数学试题谈起	2012—10	18.00	221
拉格朗日中值定理——从一道北京高考试题的解法谈起	2015—10	18.00	197

— 9 —

刘培杰数学工作室
已出版（即将出版）图书目录——初等数学

书　名	出版时间	定　价	编号
闵科夫斯基定理——从一道清华大学自主招生试题谈起	2014—01	28.00	198
哈尔测度——从一道冬令营试题的背景谈起	2012—08	28.00	202
切比雪夫逼近问题——从一道中国台北数学奥林匹克试题谈起	2013—04	38.00	238
伯恩斯坦多项式与贝齐尔曲面——从一道全国高中数学联赛试题谈起	2013—03	38.00	236
卡塔兰猜想——从一道普特南竞赛试题谈起	2013—06	18.00	256
麦卡锡函数和阿克曼函数——从一道前南斯拉夫数学奥林匹克试题谈起	2012—08	18.00	201
贝蒂定理与拉姆贝克莫斯尔定理——从一个拣石子游戏谈起	2012—08	18.00	217
皮亚诺曲线和豪斯道夫分球定理——从无限集谈起	2012—08	18.00	211
平面凸图形与凸多面体	2012—10	28.00	218
斯坦因豪斯问题——从一道二十五省市自治区中学数学竞赛试题谈起	2012—07	18.00	196
纽结理论中的亚历山大多项式与琼斯多项式——从一道北京市高一数学竞赛试题谈起	2012—07	28.00	195
原则与策略——从波利亚"解题表"谈起	2013—04	38.00	244
转化与化归——从三大尺规作图不能问题谈起	2012—08	28.00	214
代数几何中的贝祖定理（第一版）——从一道 IMO 试题的解法谈起	2013—08	18.00	193
成功连贯理论与约当块理论——从一道比利时数学竞赛试题谈起	2012—04	18.00	180
素数判定与大数分解	2014—08	18.00	199
置换多项式及其应用	2012—10	18.00	220
椭圆函数与模函数——从一道美国加州大学洛杉矶分校（UCLA）博士资格考题谈起	2012—10	28.00	219
差分方程的拉格朗日方法——从一道 2011 年全国高考理科试题的解法谈起	2012—08	28.00	200
力学在几何中的一些应用	2013—01	38.00	240
从根式解到伽罗华理论	2020—01	48.00	1121
康托洛维奇不等式——从一道全国高中联赛试题谈起	2013—03	28.00	337
西格尔引理——从一道第 18 届 IMO 试题的解法谈起	即将出版		
罗斯定理——从一道前苏联数学竞赛试题谈起	即将出版		
拉克斯定理和阿廷定理——从一道 IMO 试题的解法谈起	2014—01	58.00	246
毕卡大定理——从一道美国大学数学竞赛试题谈起	2014—07	18.00	350
贝齐尔曲线——从一道全国高中联赛试题谈起	即将出版		
拉格朗日乘子定理——从一道 2005 年全国高中联赛试题的高等数学解法谈起	2015—05	28.00	480
雅可比定理——从一道日本数学奥林匹克试题谈起	2013—04	48.00	249
李天岩—约克定理——从一道波兰数学竞赛试题谈起	2014—06	28.00	349
受控理论与初等不等式：从一道 IMO 试题的解法谈起	2023—03	48.00	1601
布劳维不动点定理——从一道前苏联数学奥林匹克试题谈起	2014—01	38.00	273
伯恩赛德定理——从一道英国数学奥林匹克试题谈起	即将出版		
布查特—莫斯特定理——从一道上海市初中竞赛试题谈起	即将出版		
数论中的同余数问题——从一道普特南竞赛试题谈起	即将出版		
范·德蒙行列式——从一道美国数学奥林匹克试题谈起	即将出版		
中国剩余定理：总数法构建中国历史年表	2015—01	28.00	430
牛顿程序与方程求根——从一道全国高考试题解法谈起	即将出版		
库默尔定理——从一道 IMO 预选试题谈起	即将出版		
卢丁定理——从一道冬令营试题的解法谈起	即将出版		
沃斯滕霍姆定理——从一道 IMO 预选试题谈起	即将出版		
卡尔松不等式——从一道莫斯科数学奥林匹克试题谈起	即将出版		
信息论中的香农熵——从一道近年高考压轴题谈起	即将出版		

刘培杰数学工作室
已出版(即将出版)图书目录——初等数学

书　名	出版时间	定　价	编号
约当不等式——从一道希望杯竞赛试题谈起	即将出版		
拉比诺维奇定理	即将出版		
刘维尔定理——从一道《美国数学月刊》征解问题的解法谈起	即将出版		
卡塔兰恒等式与级数求和——从一道IMO试题的解法谈起	即将出版		
勒让德猜想与素数分布——从一道爱尔兰竞赛试题谈起	即将出版		
天平称重与信息论——从一道基辅市数学奥林匹克试题谈起	即将出版		
哈密尔顿-凯莱定理：从一道高中数学联赛试题的解法谈起	2014-09	18.00	376
艾思特曼定理——从一道CMO试题的解法谈起	即将出版		
阿贝尔恒等式与经典不等式及应用	2018-06	98.00	923
迪利克雷除数问题	2018-07	48.00	930
幻方、幻立方与拉丁方	2019-08	48.00	1092
帕斯卡三角形	2014-03	18.00	294
蒲丰投针问题——从2009年清华大学的一道自主招生试题谈起	2014-01	38.00	295
斯图姆定理——从一道"华约"自主招生试题的解法谈起	2014-01	18.00	296
许瓦兹引理——从一道加利福尼亚大学伯克利分校数学系博士生试题谈起	2014-08	18.00	297
拉姆塞定理——从王诗宬院士的一个问题谈起	2016-04	48.00	299
坐标法	2013-12	28.00	332
数论三角形	2014-04	38.00	341
毕克定理	2014-07	18.00	352
数林掠影	2014-09	48.00	389
我们周围的概率	2014-10	38.00	390
凸函数最值定理：从一道华约自主招生题的解法谈起	2014-10	28.00	391
易学与数学奥林匹克	2014-10	38.00	392
生物数学趣谈	2015-01	18.00	409
反演	2015-01	28.00	420
因式分解与圆锥曲线	2015-01	18.00	426
轨迹	2015-01	28.00	427
面积原理：从常庚哲命的一道CMO试题的积分解法谈起	2015-01	48.00	431
形形色色的不动点定理：从一道28届IMO试题谈起	2015-01	38.00	439
柯西函数方程：从一道上海交大自主招生的试题谈起	2015-02	28.00	440
三角恒等式	2015-02	28.00	442
无理性判定：从一道2014年"北约"自主招生试题谈起	2015-01	38.00	443
数学归纳法	2015-03	18.00	451
极端原理与解题	2015-04	28.00	464
法雷级数	2014-08	18.00	367
摆线族	2015-01	38.00	438
函数方程及其解法	2015-05	38.00	470
含参数的方程和不等式	2012-09	28.00	213
希尔伯特第十问题	2016-01	38.00	543
无穷小量的求和	2016-01	28.00	545
切比雪夫多项式：从一道清华大学金秋营试题谈起	2016-01	38.00	583
泽肯多夫定理	2016-03	38.00	599
代数等式证题法	2016-01	28.00	600
三角等式证题法	2016-01	28.00	601
吴大任教授藏书中的一个因式分解公式：从一道美国数学邀请赛试题的解法谈起	2016-06	28.00	656
易卦——类万物的数学模型	2017-08	68.00	838
"不可思议"的数与数系可持续发展	2018-01	38.00	878
最短线	2018-01	38.00	879
数学在天文、地理、光学、机械力学中的一些应用	2023-03	88.00	1576
从阿基米德三角形谈起	2023-01	28.00	1578

刘培杰数学工作室
已出版(即将出版)图书目录——初等数学

书 名	出版时间	定 价	编号
幻方和魔方(第一卷)	2012—05	68.00	173
尘封的经典——初等数学经典文献选读(第一卷)	2012—07	48.00	205
尘封的经典——初等数学经典文献选读(第二卷)	2012—07	38.00	206
初级方程式论	2011—03	28.00	106
初等数学研究(Ⅰ)	2008—09	68.00	37
初等数学研究(Ⅱ)(上、下)	2009—05	118.00	46,47
初等数学专题研究	2022—10	68.00	1568
趣味初等方程妙题集锦	2014—09	48.00	388
趣味初等数论选美与欣赏	2015—02	48.00	445
耕读笔记(上卷):一位农民数学爱好者的初数探索	2015—04	28.00	459
耕读笔记(中卷):一位农民数学爱好者的初数探索	2015—05	28.00	483
耕读笔记(下卷):一位农民数学爱好者的初数探索	2015—05	28.00	484
几何不等式研究与欣赏.上卷	2016—01	88.00	547
几何不等式研究与欣赏.下卷	2016—01	48.00	552
初等数列研究与欣赏·上	2016—01	48.00	570
初等数列研究与欣赏·下	2016—01	48.00	571
趣味初等函数研究与欣赏.上	2016—09	48.00	684
趣味初等函数研究与欣赏.下	2018—09	48.00	685
三角不等式研究与欣赏	2020—10	68.00	1197
新编平面解析几何解题方法研究与欣赏	2021—10	78.00	1426
火柴游戏(第2版)	2022—05	38.00	1493
智力解谜.第1卷	2017—07	38.00	613
智力解谜.第2卷	2017—07	38.00	614
故事智力	2016—07	48.00	615
名人们喜欢的智力问题	2020—01	48.00	616
数学大师的发现、创造与失误	2018—01	48.00	617
异曲同工	2018—09	48.00	618
数学的味道(第2版)	2023—10	68.00	1686
数学千字文	2018—10	68.00	977
数贝偶拾——高考数学题研究	2014—04	28.00	274
数贝偶拾——初等数学研究	2014—04	38.00	275
数贝偶拾——奥数题研究	2014—04	48.00	276
钱昌本教你快乐学数学(上)	2011—12	48.00	155
钱昌本教你快乐学数学(下)	2012—03	58.00	171
集合、函数与方程	2014—01	28.00	300
数列与不等式	2014—01	38.00	301
三角与平面向量	2014—01	28.00	302
平面解析几何	2014—01	38.00	303
立体几何与组合	2014—01	28.00	304
极限与导数、数学归纳法	2014—01	38.00	305
趣味数学	2014—03	28.00	306
教材教法	2014—04	68.00	307
自主招生	2014—05	58.00	308
高考压轴题(上)	2015—01	48.00	309
高考压轴题(下)	2014—10	68.00	310

刘培杰数学工作室
已出版（即将出版）图书目录——初等数学

书　　名	出版时间	定　价	编号
从费马到怀尔斯——费马大定理的历史	2013—10	198.00	I
从庞加莱到佩雷尔曼——庞加莱猜想的历史	2013—10	298.00	II
从切比雪夫到爱尔特希（上）——素数定理的初等证明	2013—07	48.00	III
从切比雪夫到爱尔特希（下）——素数定理100年	2012—12	98.00	III
从高斯到盖尔方特——二次域的高斯猜想	2013—10	198.00	IV
从库默尔到朗兰兹——朗兰兹猜想的历史	2014—01	98.00	V
从比勃巴赫到德布朗斯——比勃巴赫猜想的历史	2014—02	298.00	VI
从麦比乌斯到陈省身——麦比乌斯变换与麦比乌斯带	2014—02	298.00	VII
从布尔到豪斯道夫——布尔方程与格论漫谈	2013—10	198.00	VIII
从开普勒到阿诺德——三体问题的历史	2014—05	298.00	IX
从华林到华罗庚——华林问题的历史	2013—10	298.00	X
美国高中数学竞赛五十讲.第1卷（英文）	2014—08	28.00	357
美国高中数学竞赛五十讲.第2卷（英文）	2014—08	28.00	358
美国高中数学竞赛五十讲.第3卷（英文）	2014—09	28.00	359
美国高中数学竞赛五十讲.第4卷（英文）	2014—09	28.00	360
美国高中数学竞赛五十讲.第5卷（英文）	2014—10	28.00	361
美国高中数学竞赛五十讲.第6卷（英文）	2014—11	28.00	362
美国高中数学竞赛五十讲.第7卷（英文）	2014—12	28.00	363
美国高中数学竞赛五十讲.第8卷（英文）	2015—01	28.00	364
美国高中数学竞赛五十讲.第9卷（英文）	2015—01	28.00	365
美国高中数学竞赛五十讲.第10卷（英文）	2015—02	38.00	366
三角函数（第2版）	2017—04	38.00	626
不等式	2014—01	38.00	312
数列	2014—01	38.00	313
方程（第2版）	2017—04	38.00	624
排列和组合	2014—01	28.00	315
极限与导数（第2版）	2016—04	38.00	635
向量（第2版）	2018—08	58.00	627
复数及其应用	2014—08	28.00	318
函数	2014—01	38.00	319
集合	2020—01	48.00	320
直线与平面	2014—01	28.00	321
立体几何（第2版）	2016—04	38.00	629
解三角形	即将出版		323
直线与圆（第2版）	2016—11	38.00	631
圆锥曲线（第2版）	2016—09	48.00	632
解题通法（一）	2014—07	38.00	326
解题通法（二）	2014—07	38.00	327
解题通法（三）	2014—05	38.00	328
概率与统计	2014—01	28.00	329
信息迁移与算法	即将出版		330

刘培杰数学工作室
已出版(即将出版)图书目录——初等数学

书　名	出版时间	定　价	编号
IMO 50 年.第 1 卷(1959—1963)	2014—11	28.00	377
IMO 50 年.第 2 卷(1964—1968)	2014—11	28.00	378
IMO 50 年.第 3 卷(1969—1973)	2014—09	28.00	379
IMO 50 年.第 4 卷(1974—1978)	2016—04	38.00	380
IMO 50 年.第 5 卷(1979—1984)	2015—04	38.00	381
IMO 50 年.第 6 卷(1985—1989)	2015—04	58.00	382
IMO 50 年.第 7 卷(1990—1994)	2016—01	48.00	383
IMO 50 年.第 8 卷(1995—1999)	2016—06	38.00	384
IMO 50 年.第 9 卷(2000—2004)	2015—04	58.00	385
IMO 50 年.第 10 卷(2005—2009)	2016—01	48.00	386
IMO 50 年.第 11 卷(2010—2015)	2017—03	48.00	646
数学反思(2006—2007)	2020—09	88.00	915
数学反思(2008—2009)	2019—01	68.00	917
数学反思(2010—2011)	2018—05	58.00	916
数学反思(2012—2013)	2019—01	58.00	918
数学反思(2014—2015)	2019—03	78.00	919
数学反思(2016—2017)	2021—03	58.00	1286
数学反思(2018—2019)	2023—01	88.00	1593
历届美国大学生数学竞赛试题集.第一卷(1938—1949)	2015—01	28.00	397
历届美国大学生数学竞赛试题集.第二卷(1950—1959)	2015—01	28.00	398
历届美国大学生数学竞赛试题集.第三卷(1960—1969)	2015—01	28.00	399
历届美国大学生数学竞赛试题集.第四卷(1970—1979)	2015—01	18.00	400
历届美国大学生数学竞赛试题集.第五卷(1980—1989)	2015—01	28.00	401
历届美国大学生数学竞赛试题集.第六卷(1990—1999)	2015—01	28.00	402
历届美国大学生数学竞赛试题集.第七卷(2000—2009)	2015—08	18.00	403
历届美国大学生数学竞赛试题集.第八卷(2010—2012)	2015—01	18.00	404
新课标高考数学创新题解题诀窍:总论	2014—09	28.00	372
新课标高考数学创新题解题诀窍:必修 1～5 分册	2014—08	38.00	373
新课标高考数学创新题解题诀窍:选修 2—1,2—2,1—1, 1—2分册	2014—09	38.00	374
新课标高考数学创新题解题诀窍:选修 2—3,4—4,4—5 分册	2014—09	18.00	375
全国重点大学自主招生英文数学试题全攻略:词汇卷	2015—07	48.00	410
全国重点大学自主招生英文数学试题全攻略:概念卷	2015—01	28.00	411
全国重点大学自主招生英文数学试题全攻略:文章选读卷(上)	2016—09	38.00	412
全国重点大学自主招生英文数学试题全攻略:文章选读卷(下)	2017—01	58.00	413
全国重点大学自主招生英文数学试题全攻略:试题卷	2015—07	38.00	414
全国重点大学自主招生英文数学试题全攻略:名著欣赏卷	2017—03	48.00	415
劳埃德数学趣题大全.题目卷.1:英文	2016—01	18.00	516
劳埃德数学趣题大全.题目卷.2:英文	2016—01	18.00	517
劳埃德数学趣题大全.题目卷.3:英文	2016—01	18.00	518
劳埃德数学趣题大全.题目卷.4:英文	2016—01	18.00	519
劳埃德数学趣题大全.题目卷.5:英文	2016—01	18.00	520
劳埃德数学趣题大全.答案卷:英文	2016—01	18.00	521

刘培杰数学工作室
已出版(即将出版)图书目录——初等数学

书 名	出版时间	定 价	编号
李成章教练奥数笔记.第1卷	2016—01	48.00	522
李成章教练奥数笔记.第2卷	2016—01	48.00	523
李成章教练奥数笔记.第3卷	2016—01	38.00	524
李成章教练奥数笔记.第4卷	2016—01	38.00	525
李成章教练奥数笔记.第5卷	2016—01	38.00	526
李成章教练奥数笔记.第6卷	2016—01	38.00	527
李成章教练奥数笔记.第7卷	2016—01	38.00	528
李成章教练奥数笔记.第8卷	2016—01	48.00	529
李成章教练奥数笔记.第9卷	2016—01	28.00	530
第19~23届"希望杯"全国数学邀请赛试题审题要津详细评注(初一版)	2014—03	28.00	333
第19~23届"希望杯"全国数学邀请赛试题审题要津详细评注(初二、初三版)	2014—03	38.00	334
第19~23届"希望杯"全国数学邀请赛试题审题要津详细评注(高一版)	2014—03	28.00	335
第19~23届"希望杯"全国数学邀请赛试题审题要津详细评注(高二版)	2014—03	38.00	336
第19~25届"希望杯"全国数学邀请赛试题审题要津详细评注(初一版)	2015—01	38.00	416
第19~25届"希望杯"全国数学邀请赛试题审题要津详细评注(初二、初三版)	2015—01	58.00	417
第19~25届"希望杯"全国数学邀请赛试题审题要津详细评注(高一版)	2015—01	48.00	418
第19~25届"希望杯"全国数学邀请赛试题审题要津详细评注(高二版)	2015—01	48.00	419
物理奥林匹克竞赛大题典——力学卷	2014—11	48.00	405
物理奥林匹克竞赛大题典——热学卷	2014—04	28.00	339
物理奥林匹克竞赛大题典——电磁学卷	2015—07	48.00	406
物理奥林匹克竞赛大题典——光学与近代物理卷	2014—06	28.00	345
历届中国东南地区数学奥林匹克试题及解答	2024—06	68.00	1724
历届中国西部地区数学奥林匹克试题集(2001~2012)	2014—07	18.00	347
历届中国女子数学奥林匹克试题集(2002~2012)	2014—08	18.00	348
数学奥林匹克在中国	2014—06	98.00	344
数学奥林匹克问题集	2014—01	38.00	267
数学奥林匹克不等式散论	2010—06	38.00	124
数学奥林匹克不等式欣赏	2011—09	38.00	138
数学奥林匹克超级题库(初中卷上)	2010—01	58.00	66
数学奥林匹克不等式证明方法和技巧(上、下)	2011—08	158.00	134,135
他们学什么:原民主德国中学数学课本	2016—09	38.00	658
他们学什么:英国中学数学课本	2016—09	38.00	659
他们学什么:法国中学数学课本.1	2016—09	38.00	660
他们学什么:法国中学数学课本.2	2016—09	28.00	661
他们学什么:法国中学数学课本.3	2016—09	38.00	662
他们学什么:苏联中学数学课本	2016—09	28.00	679

刘培杰数学工作室
已出版（即将出版）图书目录——初等数学

书　名	出版时间	定　价	编号
高中数学题典——集合与简易逻辑・函数	2016—07	48.00	647
高中数学题典——导数	2016—07	48.00	648
高中数学题典——三角函数・平面向量	2016—07	48.00	649
高中数学题典——数列	2016—07	58.00	650
高中数学题典——不等式・推理与证明	2016—07	38.00	651
高中数学题典——立体几何	2016—07	48.00	652
高中数学题典——平面解析几何	2016—07	78.00	653
高中数学题典——计数原理・统计・概率・复数	2016—07	48.00	654
高中数学题典——算法・平面几何・初等数论・组合数学・其他	2016—07	68.00	655
台湾地区奥林匹克数学竞赛试题.小学一年级	2017—03	38.00	722
台湾地区奥林匹克数学竞赛试题.小学二年级	2017—03	38.00	723
台湾地区奥林匹克数学竞赛试题.小学三年级	2017—03	38.00	724
台湾地区奥林匹克数学竞赛试题.小学四年级	2017—03	38.00	725
台湾地区奥林匹克数学竞赛试题.小学五年级	2017—03	38.00	726
台湾地区奥林匹克数学竞赛试题.小学六年级	2017—03	38.00	727
台湾地区奥林匹克数学竞赛试题.初中一年级	2017—03	38.00	728
台湾地区奥林匹克数学竞赛试题.初中二年级	2017—03	38.00	729
台湾地区奥林匹克数学竞赛试题.初中三年级	2017—03	28.00	730
不等式证题法	2017—04	28.00	747
平面几何培优教程	2019—08	88.00	748
奥数鼎级培优教程.高一分册	2018—09	88.00	749
奥数鼎级培优教程.高二分册.上	2018—04	68.00	750
奥数鼎级培优教程.高二分册.下	2018—04	68.00	751
高中数学竞赛冲刺宝典	2019—04	68.00	883
初中尖子生数学超级题典.实数	2017—07	58.00	792
初中尖子生数学超级题典.式、方程与不等式	2017—08	58.00	793
初中尖子生数学超级题典.圆、面积	2017—08	38.00	794
初中尖子生数学超级题典.函数、逻辑推理	2017—08	48.00	795
初中尖子生数学超级题典.角、线段、三角形与多边形	2017—07	58.00	796
数学王子——高斯	2018—01	48.00	858
坎坷奇星——阿贝尔	2018—01	48.00	859
闪烁奇星——伽罗瓦	2018—01	58.00	860
无穷统帅——康托尔	2018—01	48.00	861
科学公主——柯瓦列夫斯卡娅	2018—01	48.00	862
抽象代数之母——埃米・诺特	2018—01	48.00	863
电脑先驱——图灵	2018—01	58.00	864
昔日神童——维纳	2018—01	48.00	865
数坛怪侠——爱尔特希	2018—01	68.00	866
传奇数学家徐利治	2019—09	88.00	1110

刘培杰数学工作室
已出版(即将出版)图书目录——初等数学

书　　名	出版时间	定　价	编号
当代世界中的数学.数学思想与数学基础	2019—01	38.00	892
当代世界中的数学.数学问题	2019—01	38.00	893
当代世界中的数学.应用数学与数学应用	2019—01	38.00	894
当代世界中的数学.数学王国的新疆域(一)	2019—01	38.00	895
当代世界中的数学.数学王国的新疆域(二)	2019—01	38.00	896
当代世界中的数学.数林撷英(一)	2019—01	38.00	897
当代世界中的数学.数林撷英(二)	2019—01	48.00	898
当代世界中的数学.数学之路	2019—01	38.00	899
105个代数问题:来自 AwesomeMath 夏季课程	2019—02	58.00	956
106个几何问题:来自 AwesomeMath 夏季课程	2020—07	58.00	957
107个几何问题:来自 AwesomeMath 全年课程	2020—07	58.00	958
108个代数问题:来自 AwesomeMath 全年课程	2019—01	68.00	959
109个不等式:来自 AwesomeMath 夏季课程	2019—04	58.00	960
110个几何问题:选自各国数学奥林匹克竞赛	2024—04	58.00	961
111个代数和数论问题	2019—05	58.00	962
112个组合问题:来自 AwesomeMath 夏季课程	2019—05	58.00	963
113个几何不等式:来自 AwesomeMath 夏季课程	2020—08	58.00	964
114个指数和对数问题:来自 AwesomeMath 夏季课程	2019—09	48.00	965
115个三角问题:来自 AwesomeMath 夏季课程	2019—09	58.00	966
116个代数不等式:来自 AwesomeMath 全年课程	2019—04	58.00	967
117个多项式问题:来自 AwesomeMath 夏季课程	2021—09	58.00	1409
118个数学竞赛不等式	2022—08	78.00	1526
119个三角问题	2024—05	58.00	1726
紫色彗星国际数学竞赛试题	2019—02	58.00	999
数学竞赛中的数学:为数学爱好者、父母、教师和教练准备的丰富资源.第一部	2020—04	58.00	1141
数学竞赛中的数学:为数学爱好者、父母、教师和教练准备的丰富资源.第二部	2020—07	48.00	1142
和与积	2020—10	38.00	1219
数论:概念和问题	2020—12	68.00	1257
初等数学问题研究	2021—03	48.00	1270
数学奥林匹克中的欧几里得几何	2021—10	68.00	1413
数学奥林匹克题解新编	2022—01	58.00	1430
图论入门	2022—09	58.00	1554
新的、更新的、最新的不等式	2023—07	58.00	1650
几何不等式相关问题	2024—04	58.00	1721
数学归纳法——一种高效而简捷的证明方法	2024—06	48.00	1738
数学竞赛中奇妙的多项式	2024—01	78.00	1646
120个奇妙的代数问题及20个奖励问题	2024—04	48.00	1647

刘培杰数学工作室
已出版（即将出版）图书目录——初等数学

书　　名	出版时间	定　价	编号
澳大利亚中学数学竞赛试题及解答(初级卷)1978~1984	2019-02	28.00	1002
澳大利亚中学数学竞赛试题及解答(初级卷)1985~1991	2019-02	28.00	1003
澳大利亚中学数学竞赛试题及解答(初级卷)1992~1998	2019-02	28.00	1004
澳大利亚中学数学竞赛试题及解答(初级卷)1999~2005	2019-02	28.00	1005
澳大利亚中学数学竞赛试题及解答(中级卷)1978~1984	2019-03	28.00	1006
澳大利亚中学数学竞赛试题及解答(中级卷)1985~1991	2019-03	28.00	1007
澳大利亚中学数学竞赛试题及解答(中级卷)1992~1998	2019-03	28.00	1008
澳大利亚中学数学竞赛试题及解答(中级卷)1999~2005	2019-03	28.00	1009
澳大利亚中学数学竞赛试题及解答(高级卷)1978~1984	2019-05	28.00	1010
澳大利亚中学数学竞赛试题及解答(高级卷)1985~1991	2019-05	28.00	1011
澳大利亚中学数学竞赛试题及解答(高级卷)1992~1998	2019-05	28.00	1012
澳大利亚中学数学竞赛试题及解答(高级卷)1999~2005	2019-05	28.00	1013
天才中小学生智力测验题.第一卷	2019-03	38.00	1026
天才中小学生智力测验题.第二卷	2019-03	38.00	1027
天才中小学生智力测验题.第三卷	2019-03	38.00	1028
天才中小学生智力测验题.第四卷	2019-03	38.00	1029
天才中小学生智力测验题.第五卷	2019-03	38.00	1030
天才中小学生智力测验题.第六卷	2019-03	38.00	1031
天才中小学生智力测验题.第七卷	2019-03	38.00	1032
天才中小学生智力测验题.第八卷	2019-03	38.00	1033
天才中小学生智力测验题.第九卷	2019-03	38.00	1034
天才中小学生智力测验题.第十卷	2019-03	38.00	1035
天才中小学生智力测验题.第十一卷	2019-03	38.00	1036
天才中小学生智力测验题.第十二卷	2019-03	38.00	1037
天才中小学生智力测验题.第十三卷	2019-03	38.00	1038
重点大学自主招生数学备考全书:函数	2020-05	48.00	1047
重点大学自主招生数学备考全书:导数	2020-08	48.00	1048
重点大学自主招生数学备考全书:数列与不等式	2019-10	78.00	1049
重点大学自主招生数学备考全书:三角函数与平面向量	2020-08	68.00	1050
重点大学自主招生数学备考全书:平面解析几何	2020-07	58.00	1051
重点大学自主招生数学备考全书:立体几何与平面几何	2019-08	48.00	1052
重点大学自主招生数学备考全书:排列组合·概率统计·复数	2019-09	48.00	1053
重点大学自主招生数学备考全书:初等数论与组合数学	2019-08	48.00	1054
重点大学自主招生数学备考全书:重点大学自主招生真题.上	2019-04	68.00	1055
重点大学自主招生数学备考全书:重点大学自主招生真题.下	2019-04	58.00	1056
高中数学竞赛培训教程:平面几何问题的求解方法与策略.上	2018-05	68.00	906
高中数学竞赛培训教程:平面几何问题的求解方法与策略.下	2018-06	78.00	907
高中数学竞赛培训教程:整除与同余以及不定方程	2018-01	88.00	908
高中数学竞赛培训教程:组合计数与组合极值	2018-04	48.00	909
高中数学竞赛培训教程:初等代数	2019-04	78.00	1042
高中数学讲座:数学竞赛基础教程(第一册)	2019-06	48.00	1094
高中数学讲座:数学竞赛基础教程(第二册)	即将出版		1095
高中数学讲座:数学竞赛基础教程(第三册)	即将出版		1096
高中数学讲座:数学竞赛基础教程(第四册)	即将出版		1097

刘培杰数学工作室
已出版(即将出版)图书目录——初等数学

书　　名	出版时间	定　价	编号
新编中学数学解题方法1000招丛书.实数(初中版)	2022—05	58.00	1291
新编中学数学解题方法1000招丛书.式(初中版)	2022—05	48.00	1292
新编中学数学解题方法1000招丛书.方程与不等式(初中版)	2021—04	58.00	1293
新编中学数学解题方法1000招丛书.函数(初中版)	2022—05	38.00	1294
新编中学数学解题方法1000招丛书.角(初中版)	2022—05	48.00	1295
新编中学数学解题方法1000招丛书.线段(初中版)	2022—05	48.00	1296
新编中学数学解题方法1000招丛书.三角形与多边形(初中版)	2021—04	48.00	1297
新编中学数学解题方法1000招丛书.圆(初中版)	2022—05	48.00	1298
新编中学数学解题方法1000招丛书.面积(初中版)	2021—07	28.00	1299
新编中学数学解题方法1000招丛书.逻辑推理(初中版)	2022—06	48.00	1300
高中数学题典精编.第一辑.函数	2022—01	58.00	1444
高中数学题典精编.第一辑.导数	2022—01	68.00	1445
高中数学题典精编.第一辑.三角函数・平面向量	2022—01	68.00	1446
高中数学题典精编.第一辑.数列	2022—01	58.00	1447
高中数学题典精编.第一辑.不等式・推理与证明	2022—01	58.00	1448
高中数学题典精编.第一辑.立体几何	2022—01	58.00	1449
高中数学题典精编.第一辑.平面解析几何	2022—01	68.00	1450
高中数学题典精编.第一辑.统计・概率・平面几何	2022—01	58.00	1451
高中数学题典精编.第一辑.初等数论・组合数学・数学文化・解题方法	2022—01	58.00	1452
历届全国初中数学竞赛试题分类解析.初等代数	2022—09	98.00	1555
历届全国初中数学竞赛试题分类解析.初等数论	2022—09	48.00	1556
历届全国初中数学竞赛试题分类解析.平面几何	2022—09	38.00	1557
历届全国初中数学竞赛试题分类解析.组合	2022—09	38.00	1558
从三道高三数学模拟题的背景谈起:兼谈傅里叶三角级数	2023—03	48.00	1651
从一道日本东京大学的入学试题谈起:兼谈π的方方面面	即将出版		1652
从两道2021年福建高三数学测试题谈起:兼谈球面几何学与球面三角学	即将出版		1653
从一道湖南高考数学试题谈起:兼谈有界变差数列	2024—01	48.00	1654
从一道高校自主招生试题谈起:兼谈詹森函数方程	即将出版		1655
从一道上海高考数学试题谈起:兼谈有界变差函数	即将出版		1656
从一道北京大学金秋营数学试题的解法谈起:兼谈伽罗瓦理论	即将出版		1657
从一道北京高考数学试题的解法谈起:兼谈毕克定理	即将出版		1658
从一道北京大学金秋营数学试题的解法谈起:兼谈帕塞瓦尔恒等式	即将出版		1659
从一道高三数学模拟测试题的背景谈起:兼谈等周问题与等周不等式	即将出版		1660
从一道2020年全国高考数学试题的解法谈起:兼谈斐波那契数列和纳卡穆拉定理及奥斯图达定理	即将出版		1661
从一道高考数学附加题谈起:兼谈广义斐波那契数列	即将出版		1662

刘培杰数学工作室
已出版(即将出版)图书目录——初等数学

书　　名	出版时间	定　价	编号
代数学教程.第一卷,集合论	2023—08	58.00	1664
代数学教程.第二卷,抽象代数基础	2023—08	68.00	1665
代数学教程.第三卷,数论原理	2023—08	58.00	1666
代数学教程.第四卷,代数方程式论	2023—08	48.00	1667
代数学教程.第五卷,多项式理论	2023—08	58.00	1668
代数学教程.第六卷,线性代数原理	2024—06	98.00	1669
中考数学培优教程——二次函数卷	2024—05	78.00	1718
中考数学培优教程——平面几何最值卷	2024—05	58.00	1719
中考数学培优教程——专题讲座卷	2024—05	58.00	1720

联系地址:哈尔滨市南岗区复华四道街 10 号　哈尔滨工业大学出版社刘培杰数学工作室
邮　　编:150006
联系电话:0451－86281378　　13904613167
E-mail:lpj1378@163.com